Bilanzen

Manfred Weber

Kai Uwe Paa

HAUFE.

Inhalt

Teil 1: Praxiswissen Bilanzen

6.5.2016

Bewertung in der Bilanz 67

Bilanz-ABC 89

Anhang 123

Teil 2: Training Bilanzen

Vorwort

Warum sollten Sie Bilanzen lesen können?

Der Bilanzleser erhält einen Einblick in die wirtschaftliche Lage des betreffenden Unternehmens. Vermögen, Kapital, Finanzierung und Ertragslage werden sichtbar.

Aktionäre und Mitarbeiter wollen ihr Unternehmen richtig einschätzen, Lieferanten und Kunden ihre Geschäftspartner besser beurteilen können. Die Auswertung von Bilanzen wird bei Banken in der Kreditwürdigkeitsprüfung durchgeführt und ist die Grundlage für die spätere Kreditgewährung.

In diesem Werk erfahren Sie, wie eine Bilanz aufgebaut ist, wie die einzelnen Positionen zu interpretieren sind und wie die Bewertung in der Bilanz erfolgt. Die Unterschiede eines Jahresabschlusses nach deutschem Handelsrecht und nach IFRS werden gezeigt. Auch die Änderungen des HGB durch das Bilanzrechtsmodernisierungsgesetz (BilMoG) sind berücksichtigt.

Anhand einer Musterbilanz werden Sie durch das Werk geführt. Dabei sind die jeweils für dieses Kapitel relevanten Teile hervorgehoben. Die Musterbilanz ist auf Seite 123 vollständig abgedruckt.

Das Bilanz-ABC erklärt die wichtigsten Begriffe und dient als schnelles Nachschlagewerk.

Manfred Weber

Die Bilanz

Wer eine Bilanz zu lesen versteht, kann ein Unternehmen beurteilen.

In diesem Kapitel lesen Sie,

- wie Sie von der Inventur zur Bilanz kommen (S. 9 ff.),
- wie Sie die Aktivseite (S. 18) und die Passivseite der Bilanz (S. 23) analysieren,
- wie Sie Finanzierung (S. 30) und die Liquidität eines Unternehmens (S. 34) beurteilen können.

Wozu braucht man Bilanzen?

Bilanzen lesen und verstehen

Die Bilanz zeigt Ihnen die Vermögensverhältnisse, den Kapitalaufbau und die Finanzierung. Sie erkennen also, ob das Unternehmen solide finanziert ist oder ob es kurz vor dem Konkurs steht. Die Bilanz informiert, woher die finanziellen Mittel kommen und wie sie eingesetzt werden. Veränderungen in der Bilanz sagen etwas über Entwicklungen im Unternehmen aus. Die Bilanz ist immer auf einen bestimmten Zeitpunkt, den Bilanzstichtag, bezogen. So gibt es Eröffnungs-, Schluss- und Zwischenbilanzen. Aus der Gewinn- und Verlustrechnung können Sie die Ertragslage eines Unternehmens ablesen. Aufwendungen und Erträge des Geschäftsjahres sind hier dargestellt.

Die Bilanz bildet, zusammen mit der Gewinn- und Verlustrechnung, den Jahresabschluss und dient der Rechenschaftslegung. Gläubiger, Lieferanten, Kunden, Mitarbeiter und die Öffentlichkeit werden informiert.

Gesetzliche Grundlagen

Bilanz und Gewinn- und Verlustrechnung sind hervorragende Instrumente zur Kontrolle und Dokumentation, die über den Geschäftserfolg und die Vermögenslage Auskunft geben. Nach dem Handelsgesetzbuch sind Kaufleute, Handelsgesellschaften und eingetragene Genossenschaften dazu verpflichtet, zum Schluss eines Geschäftsjahres einen Jahresabschluss zu erstellen. Der Jahresabschluss hat den Grundsätzen ordnungsmäßiger Buchführung zu entsprechen. Das bedeutet, er muss vollständig, richtig, zeitgerecht und geordnet sein. Außerdem besteht ein Verrechnungsverbot, d. h., keine Verrechnung von Posten der Aktivseite mit Posten der Passivseite, und keine Aufrechnung von Aufwendungen und Erträgen.

Wie entsteht aus dem Inventar die Bilanz?

Inventur und Inventar

Inventur ist die lückenlose mengen- und wertmäßige Erfassung des Vermögens und der Schulden eines Unternehmens zu einem bestimmten Stichtag. Das Verzeichnis, das bei dieser Bestandsaufnahme erstellt wird, ist das Inventar.

Handelsrecht und Steuerrecht verpflichten die Kaufleute zur Inventur. Der Kaufmann muss sein Vermögen und seine Schulden zu folgenden Anlässen feststellen:

- bei Gründung oder Kauf eines Unternehmens,
- am Ende eines jeden Geschäftsjahres,
- bei Verkauf des Unternehmens.

Durchführung der Inventur

Das Erfassen des gesamten Vermögens und aller Schulden wird als Inventur bezeichnet. Die körperliche Bestandsaufnahme (= körperliche Inventur) der Vorräte ist der wichtigste Teil der Inventur und erfolgt durch Zählen, Wiegen, Messen und Schätzen. Weniger arbeitsintensiv, aber ähnlich vorzugehen ist bei der Ermittlung der technischen Anlagen und Maschinen, des Fuhrparks und der Betriebs- und Geschäftsausstattung. Die körperliche Bestandsaufnahme ist notwendiger Bestandteil einer ordnungsmäßigen Buchführung und Bilanzierung.

Die Werte der übrigen Vermögensgegenstände können größtenteils ohne körperliche Bestandsaufnahme, anhand von Belegen oder buchhalterischen Aufzeichnungen, ermittelt werden. Bankguthaben werden durch Kontoauszüge der Banken festgestellt. Die Höhe der Forderungen an Kunden wird in der Buchhaltung festgehalten. Auch die Schulden sind Gegenstand der buchmäßigen Bestandsaufnahme (= Buchinventur).

Verschiedene Inventurverfahren

Das Vermögen wird bei der Stichtagsinventur durch körperliche Bestandsaufnahme zum Bilanzstichtag, meist dem 31.12., festgestellt.

Die Bestandsaufnahme zum Bilanzstichtag kann entfallen, wenn der mengenmäßige Bestand der Warenvorräte buchmäßig nachgewiesen werden kann. Die Bestandsveränderungen werden als Zu- und Abgänge in der Lagerkartei oder von der EDV erfasst. Die körperliche Bestandsaufnahme kann bei der permanenten Inventur an jedem beliebigen Tag des Geschäftsjahres erfolgen. Die Bestände müssen aber wenigstens einmal im Geschäftsjahr durch eine körperliche Bestandsaufnahme aufgenommen werden.

Inventar ist das Ergebnis der Inventur

Das Inventar (lateinisch inventarium = Bestandsverzeichnis) ist ein umfassendes Bestandsverzeichnis, in dem alle Vermögensgegenstände und Schulden nach Art, Menge und Wert einzeln aufgeführt sind. Die Bestimmung von Werten ist die Hauptaufgabe des Inventars.

Das Inventar wird in drei Teile aufgeteilt:

1 Vermögen

2 Schulden

3 Ermittlung des Reinvermögens (= Eigenkapitals)

Vermögen

Das Vermögen gliedert sich in Anlage- und Umlaufvermögen. Das Anlagevermögen beinhaltet alle Vermögensgegenstände, die langfristig zur Durchführung der Betriebsaufgaben benötigt werden:

- Grundstücke und Gebäude
- Maschinen und maschinelle Anlagen
- Betriebs- und Geschäftsausstattung
- Fahrzeuge (Fuhrpark)
- Anlagen im Bau

Zum Umlaufvermögen zählen die Vermögensgegenstände, die nur für kurze Zeit im Unternehmen bleiben. Sie werden zur Erstellung der betrieblichen Leistungen ständig verändert und umgewandelt.

Vorräte sind ein wichtiger Teil des Umlaufvermögens. Im Handel steht an dieser Stelle die Position „Waren".

Das Umlaufvermögen umfasst außer den Vorräten noch Forderungen, Wertpapiere und liquide Mittel.

Schulden

Die Schulden werden im Inventar nach der Fälligkeit, d. h. nach der Dringlichkeit der Zahlung, angeordnet:

Langfristige Schulden

- Hypothekenschulden
- Grundschulden
- langfristige Darlehen

Kurzfristige Schulden

- Lieferantenverbindlichkeiten
- Kontokorrentschulden
- Wechselverbindlichkeiten

Ermittlung des Reinvermögens

Das Reinvermögen bzw. das Eigenkapital können Sie feststellen, indem Sie vom gesamten Vermögen alle Schulden abziehen.

Gesamtvermögen – Schulden = Reinvermögen

Die Unternehmensleitung ist für die ordnungsmäßige Durchführung der Inventur verantwortlich. Das Inventar ist die Grundlage für die Bilanz. Das Inventar und seine beigefügten Unterlagen sind 10 Jahre aufzubewahren (§§ 257 HGB, 147 AO).

Beispiel: Inventar und Bilanz

Inventar des Kaufmanns Marcel Butsch

A. Vermögen	
Grundstücke und Gebäude	724.500 €
Lagereinrichtung	82.900 €
Geschäftsausstattung	69.700 €
Fuhrpark	115.000 €
Waren	120.400 €
Kundenforderungen	140.790 €
Bankguthaben	25.200 €
Kasse	5.280 €
Summe des Vermögens	1.283.770 €
B. Schulden	
Hypothek der Sparkasse	150.000 €
Darlehen der Volksbank	80.000 €
Lieferantenverbindlichkeiten	170.620 €
Summe der Schulden	400.620 €
C. Reinvermögen	
Summe des Vermögens	1.283.770 €
Summe der Schulden	400.620 €
Reinvermögen = Eigenkapital	883.150 €

Das Inventar, mit seiner ausführlichen Aufstellung der einzelnen Vermögensteile und Schulden, ist die Grundlage für die **Bilanz**. Diese wird aus dem Inventar entwickelt und ist eine Kurzfassung des Inventars. Während allerdings Vermögen, Schulden und Eigenkapital im Inventar in Staffelform dargestellt werden, wird in der Bilanz die sogenannte Kontenform gewählt.

Auf der **linken** Seite der Bilanz steht das Vermögen. Sie finden beispielsweise die Vermögensposition „Grundstücke und Gebäude" mit dem Wert von 724.500 € aus dem Inventar auf der linken Seite unter Anlagevermögen ausgewiesen. Entsprechend ist mit der Lagereinrichtung, der Geschäftsausstattung und dem Fuhrpark zu verfahren. Waren, Kundenforderungen, Bankguthaben und Kasse erscheinen ebenfalls auf der linken Seite, allerdings unter Umlaufvermögen.

Die rechte Seite weist die Schulden und das Eigenkapital aus. Die im Inventar ausgewiesene Hypothek der Sparkasse über 150.000 € erscheint deshalb auf der rechten Seite der Bilanz. Entsprechend ist mit dem Darlehen der Volksbank und den Lieferantenverbindlichkeiten zu verfahren.

Das im Inventar ausgewiesene Reinvermögen in Höhe von 883.150 € erscheint in der Bilanz auf der rechten Seite als Eigenkapital. Damit stimmen die Bilanzsummen auf der linken und rechten Seite überein.

Die Bilanz sieht dann folgendermaßen aus:

Bilanz des Kaufmanns Marcel Butsch

Aktiva			**Passiva**
VERMÖGEN			KAPITAL
Anlagevermögen		**Eigenkapital**	**883.150**
Grundstücke und Gebäude	724.500		
		Schulden	
Lagereinrichtung	82.900	Hypothek Sparkasse	150.000
Geschäftsausstattung	69.700	Darlehen Volksbank	80.000
Fuhrpark	115.000	Lieferanten- verbindlichkeiten	170.620
Umlaufvermögen			
Waren	120.400		
Kundenforderungen	140.790		
Bankguthaben	25.200		
Kasse	5.280		
	1.283.770		**1.283.770**

Was liest man in der Bilanz?

Die linke Seite der Bilanz, die Aktivseite, zeigt das Vermögen des Unternehmens. Sie erfahren ferner, welche Werte auf die einzelnen Vermögenspositionen (Aktiva) entfallen. Auf der rechten Seite, der Passivseite, sind die Kapitalwerte (Passiva) aufgeführt, unterteilt in Eigenkapital und Fremdkapital. Während die Aktivseite Sie über die Mittelverwendung informiert, unterrichtet Sie die Passivseite über die Mittelherkunft.

Die Vermögenswerte sind in der Bilanz nach einer bestimmten Reihenfolge angeordnet, nämlich dem Grad, wie schwer sie sich „liquidieren", also in Geld umwandeln lassen. Werte, die nur schwer verflüssigt werden können, wie Grundstücke und Gebäude, stehen auf der Aktivseite ganz oben. Am unteren Ende erscheinen die flüssigen Mittel, Kasse und Bankguthaben. Das Kapital wird nach der Fälligkeit ausgewiesen. Das Eigenkapital, das langfristig im Unternehmen bleibt, steht immer an der ersten Position. Kurzfristige Verbindlichkeiten, die schon bald zu zahlen sind, werden am Ende aufgeführt.

Die Bilanz ist eine Gegenüberstellung von Vermögen und Kapital, die Summe der Aktiva und die Summe der Passiva ist gleich. „Bilanz" (italienisch „bilancia") heißt Gleichgewicht der Waage. Die folgende Bilanz ist eine gekürzte Form der im Anhang dargestellten Musterbilanz, die allen kommenden Darstellungen zugrunde liegt.

Maschinenbau AG, Stuttgart

Kurzfassung der Bilanz zum 31.12.2014

(in 1.000 €)

Aktiva			**Passiva**
Immaterielle Vermögensgegenstände	44	Eigenkapital	51.027
Sachanlagen	56.929	Rückstellungen und Sonderposten	21.189
Finanzanlagen	6.714		
Vorräte	12.357	Verbindlichkeiten gegenüber Banken	14.894
Forderungen	14.980		
Wertpapiere	5.245	Andere Verbindlichkeiten	12.671
flüssige Mittel	3.512		
	99.781		**99.781**

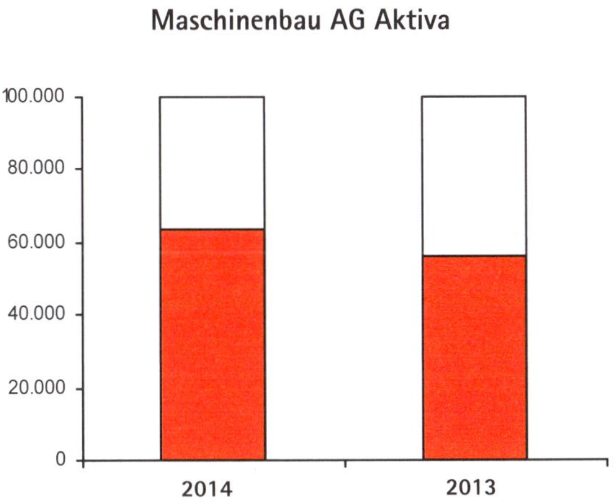

MAG – Aktiva

	31.12.2014	31.12.2013
Aktiva	€ in 1.000	€ in 1.000
Anlagevermögen	63.687	56.033
Umlaufvermögen	36.094	35.772
	99.781	91.805

Wie wird die Vermögenslage beurteilt?

1. SCHRITT: Die Aktivseite der Bilanz

ZIEL: Vermögenslage beurteilen können

Die Vermögenslage eines Unternehmens können Sie anhand einer Analyse der Aktivseite der Bilanz beurteilen. Die folgende Darstellung zeigt Ihnen die Aktivseite der Maschinenbau AG, Stuttgart, abgekürzt MAG.

Aktiva (in €)	
	2014
Anlagevermögen	
Immaterielle Vermögensgegenstände	44.000
Sachanlagen	
– Grundstücke und Bauten	23.041.000
– Technische Anlagen und Maschinen	26.297.000
– Betriebs- u. Geschäftsausstattung	2.807.000
– Anzahlungen und Anlagen im Bau	4.784.000
Finanzanlagen	6.714.000
(Summe Anlagevermögen)	63.687.000
Umlaufvermögen	
Vorräte	12.357.000
Forderungen und sonstige Vermögensgegenstände	14.759.000
Wertpapiere	5.245.000
flüssige Mittel	3.512.000
(Summe Umlaufvermögen)	35.873.000
Rechnungsabgrenzungsposten	221.000
	99.781.000

Um die Vermögenslage eines Unternehmens beurteilen zu können, gibt es verschiedene Kennzahlen, die Sie aus der Bilanz errechnen können und die Ihnen Aufschluss über verschiedene Aspekte der Vermögensverteilung geben.

Die Anlagenintensität ist eine dieser Kennzahlen. Sie ist das Verhältnis von Anlagevermögen zum gesamten Vermögen, also Anlagevermögen in Prozent der Bilanzsumme.

$$\text{Anlagenintensität} = \frac{\text{Anlagevermögen}}{1\,\%\ \text{Gesamtvermögen (Bilanzsumme)}}$$

Das Anlagevermögen besteht aus Sachanlagen und Finanzanlagen, die dem Unternehmen langfristig zur Verfügung stehen. Das Anlagevermögen ist deshalb auch langfristig zu finanzieren.
Die MAG weist 2014 ein Anlagevermögen von 63.687.000 € auf. Die Bilanzsumme beträgt 99.781.000 €, 1 % sind folglich 997.810 €.

$$\text{Anlagenintensität} = \frac{63.687.000}{997.810} = 63{,}8\,\%$$

Eine Anlagenintensität von 63,8 % ist hoch, fast zwei Drittel der Bilanzsumme entfallen auf Sachanlagen und Finanzanlagen. Eine solche Anlagenintensität erfordert ebenfalls einen hohen Anteil von Eigenkapital bzw. langfristigem Fremdkapital am Gesamtkapital.

Die Bilanzposition „Geleistete Anzahlungen und Anlagen im Bau" weist 4.784.000 € aus, ein Indiz für eine hohe Investitionstätigkeit. Diese führt zu einem höheren Anlagevermögen und damit zu einem Anstieg der Anlagenintensität. Wenn die Anlagenintensität steigt, dann sollte auch der Anteil der langfristigen Finanzierung zunehmen.

Je höher die Anlagenintensität ist, umso höher ist die Belastung mit fixen Kosten, insbesondere Abschreibungen und Zinsen.

Die **Sachanlagenintensität** klammert die Finanzanlagen aus, d. h. Beteiligungen, Aktien des Anlagevermögens und langfristige Ausleihungen an Tochtergesellschaften. Auch die immateriellen Vermögensgegenstände des Anlagevermögens sind herauszurechnen.

$$\text{Sachanlagenintensität} = \frac{\text{Sachanlagevermögen}}{1\,\%\ \text{Gesamtvermögen (Bilanzsumme)}}$$

Das Anlagevermögen in Höhe von 63.687.000 € ist um die Finanzanlagen in Höhe von 6.714.000 € zu vermindern, zuzüglich 44.000 €, was 56.929.000 € ergibt.

$$\text{Sachanlagenintensität} = \frac{56.929.000}{997.810} = 57{,}1\ \%$$

Die MAG weist damit eine Sachanlagenintensität von 57 % aus. Wenn das Anlagevermögen des Unternehmens zunimmt, dann führt das zu einem Anstieg der Kennzahl Sachanlagenintensität.

Alle Vermögensposten, die sich rasch ändern, weil sie laufend im Betriebsprozess verändert werden, zählen zum Umlaufvermögen: Vorräte, Forderungen, flüssige Mittel. Die **Umlaufintensität** zeigt das Verhältnis von Umlaufvermögen zu Gesamtvermögen. Ein Unternehmen mit einer hohen Umlaufintensität kann auch in größerem Umfang mit kurzfristigem Fremdkapital arbeiten.

$$\text{Umlaufintensität} = \frac{\text{Umlaufvermögen}}{1\,\%\ \text{Gesamtvermögen (Bilanzsumme)}}$$

Die Umlaufintensität der MAG kann aus den Daten der Bilanz entsprechend ermittelt werden, Umlaufvermögen 35.873.000 €.

$$\text{Umlaufintensität} = \frac{35.873.000}{997.810} = 36\,\%$$

Die Umlaufintensität beträgt 36 %. Die Verschiedenartigkeit einzelner Wirtschaftsbranchen zeigt sich auch in der Zusammensetzung des Umlaufvermögens, ob es vorratsintensiv ist oder eine hohe Forderungsintensität aufweist.

Die **Vorratsintensität** ist eine andere wichtige Bilanzkennzahl, sie setzt die Vorräte in Bezug zum Gesamtvermögen.

$$\text{Vorratsintensität} = \frac{\text{Vorräte}}{1\,\%\ \text{Gesamtvermögen (Bilanzsumme)}}$$

$$\text{Vorratsintensität} = \frac{12.357.000}{997.810} = 12{,}4\,\%$$

Die Aussagefähigkeit wird erhöht, wenn die berechnete Vorratsintensität mit dem Vorjahr verglichen wird. Die Vorräte eines Unternehmens können absolut steigen, also absolut höher als im Vorjahr sein, relativ – und das berücksichtigt die Vorratsintensität – können sie aber unverändert bleiben. Die

Bestände im Einkaufs- und Vertriebslager können also nur an die Ausweitung der Geschäftstätigkeit angepasst worden sein.

Der innerbetriebliche Vergleich könnte durch den zwischenbetrieblichen Vergleich, insbesondere mit derselben Branche, ergänzt werden. Sie sehen dann, ob die Vorräte im Vergleich zur Branche zu groß sind.

Forderungsintensität ist die Relation von Forderungen zum Gesamtvermögen. Sie können bei der MAG die Forderungsintensität berechnen, indem Sie die Kundenforderungen laut Bilanz in Höhe von 14.759.000 € durch 1 % der Bilanzsumme dividieren.

$$\text{Forderungsintensität} = \frac{\text{Forderungen}}{1\,\%\ \text{Gesamtvermögen (Bilanzsumme)}}$$

$$\text{Forderungsintensität} = \frac{14.759.000}{997.810} = 14{,}8\,\%$$

Auch die Forderungsintensität kann mit dem Vorjahr und mit Unternehmen der Konkurrenz verglichen werden.

> Der Handel macht mit dem Umlaufvermögen seine Geschäfte. Vorräte und Forderungen binden einen großen Teil des Vermögens im Handel.

Die Bilanzposition **„Rechnungsabgrenzung"** dient der periodengerechten Erfolgsermittlung. Das Unternehmen hat eine Zahlung noch im alten Jahr geleistet, während die Leistung erst im nächsten Jahr erfolgt. Aktive Rechnungsabgrenzungsposten werden für Zahlungen gebildet, die vor dem Bilanzstichtag für einen Zeitraum nach dem Bilanzstichtag geleistet werden.

Maschinenbau AG Passiva

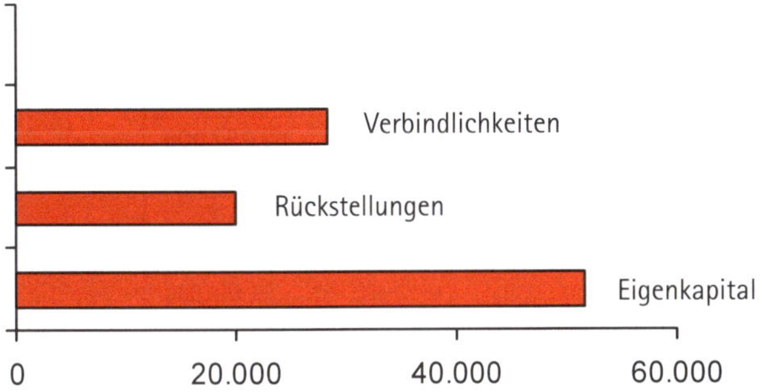

Passiva	€ in 1.000
Eigenkapital	51.642
Rückstellungen	19.959
Verbindlichkeiten	28.180

Wie erfolgt die Kapitalaufbringung?

2. SCHRITT: Die Passivseite der Bilanz

ZIEL: Kapitalaufbringung beurteilen können

Die Kapitalaufbringung können Sie anhand einer Analyse der Passivseite der Bilanz beurteilen. Die folgende Darstellung zeigt Ihnen die Passivseite der MAG.

Passiva (in €)

	2014
Eigenkapital	
Grundkapital	25.000.000
Kapitalrücklage	5.000.000
Gewinnrücklagen	18.930.000
Bilanzgewinn	3.327.000
(Summe Eigenkapital)	**52.257.000**
Rückstellungen	
Rückstellungen für Pensionen	14.500.000
Sonstige Rückstellung	5.459.000
(Summe Rückstellungen)	**19.959.000**
Verbindlichkeiten	
Verbindlichkeiten gegenüber Banken	14.894.000
Übrige Verbindlichkeiten	12.548.000
(Summe Verbindlichkeiten)	**27.442.000**
Rechnungsabgrenzung	123.000
	99.781.000

Eine wichtige Kennzahl zur Kapitalaufbringung ist die **Eigenkapitalquote**, das Verhältnis von Eigenkapital zum Gesamtkapital. Das Eigenkapital besteht aus dem Grundkapital sowie den Kapital- und Gewinnrücklagen.

Zum Eigenkapital zählen auch die **„stillen Reserven"**, die aber in der Bilanz nicht erscheinen. Stille Reserven können durch eine Unterbewertung der Aktiva oder eine Überbewertung der Passiva entstehen, z. B. Garantierückstellungen werden überhöht ausgewiesen. Gerade die Bilanzposition „Rückstellungen" kann überhöht sein und damit stille Reserven enthalten. Das Eigenkapital erscheint dann niedriger als es tatsächlich ist.

$$\text{Eigenkapitalquote} = \frac{\text{Eigenkapital}}{1\,\%\ \text{Gesamtvermögen (Bilanzsumme)}}$$

Bei der Berechnung des Eigenkapitals der MAG wurde davon ausgegangen, dass die Hälfte des Bilanzgewinns einbehalten wird. Der Gewinn des Jahres 2014 wurde deshalb entsprechend dem Eigenkapital hinzuaddiert.

Eigenkapital der MAG

Grundkapital	25.000.000
+ Kapitalrücklagen	5.000.000
+ Gewinnrücklagen	18.930.000
+ 50 % Bilanzgewinn	1.663.500
= Eigenkapital	**50.593.500**

$$\text{Eigenkapitalquote} = \frac{50.593.500}{997.810} = 50{,}7\%$$

Die Eigenkapitalquote der MAG beträgt 50,7 %. Eine Eigenkapitalquote von über 40 % ist aber als ordentlich zu bezeichnen.

Die sogenannte „klassische Regel" setzt ein **Verhältnis von Eigenkapital zu Fremdkapital** von mindestens 1 : 1 voraus, d. h. die Schulden dürfen damit nicht größer sein als das Eigenkapital. Relationen von 1 : 3 sind aber im Kreditgeschäft der Banken keine Seltenheit.

Die Eigenkapitalquote ist wichtig, reicht aber alleine zur Beurteilung der finanziellen Situation eines Unternehmens nicht aus. Wichtige Faktoren wie stille Reserven, Fristigkeit des Fremdkapitals, der Kreditspielraum bei der Hausbank und den maßgebenden Gläubigern sowie die allgemeine Vermögenslage der Eigentümer spielen ebenfalls eine Rolle.

Der **Anspannungsgrad** nennt den relativen Anteil des Fremdkapitals an der Gesamtsumme des Kapitals.

$$\text{Anspannungsgrad} = \frac{\text{Fremdkapital}}{1\,\%\ \text{Gesamtvermögen (Bilanzsumme)}}$$

Die Summe aus Verbindlichkeiten, Rückstellungen und passiver Rechnungsabgrenzung wird ermittelt und zur Gesamtkapitalsumme in Beziehung gesetzt. Auszuschüttender Gewinn an die Aktionäre ist ebenfalls dem Fremdkapital zuzuordnen.

Fremdkapital der MAG

Verbindlichkeiten	27.442.000
+ Rückstellungen	19.959.000
+ passive Rechnungsabgrenzung	123.000
+ 50 % Bilanzgewinn	1.663.500
= Fremdkapital insgesamt	**49.187.500**

$$\text{Anspannungsgrad} = \frac{49.187.500}{997.810} = 49{,}3\ \%$$

Der Anspannungsgrad beträgt 49,3 %. Eine hohe Investitionstätigkeit führt zu einem höheren Anspannungsgrad, Kreditrückzahlungen zu einem niedrigeren.

Eigenkapital und Fremdkapital ergeben das Gesamtkapital. Der Anspannungsgrad zeigt den Anteil des Fremdkapitals am Gesamtkapital. Wenn Sie also die Eigenkapitalquote kennen und von 100 % abziehen, dann erhalten Sie den Anspannungsgrad.
Im Beispiel der MAG: 100 % – 50,7 % = 49,3 %

Beim Fremdkapital ist auch die Zusammensetzung von langfristigem und kurzfristigem wichtig. Langfristiges Fremdkapital steht dem Unternehmen fünf Jahre oder mehr zur Verfügung und kann entsprechend verwendet werden. Sie sollten deshalb den Anteil des **langfristigen Fremdkapitals** am gesamten Fremdkapital feststellen.

$$\text{langfristiges Fremdkapital in \%} = \frac{\text{langfristiges Fremdkapital}}{1\ \%\ \text{gesamtes Fremdkapital}}$$

Die Berechnung des langfristigen Kapitals ist möglich, wenn im Anhang des Geschäftsberichts Angaben gemacht werden: z. B. 80 % der Pensionsrückstellungen, 30 % der sonstigen Rückstellungen, 50 % der Bankschulden sind langfristig.

MAG: Berechnung des langfristigen Fremdkapitals

	insgesamt	langfristig
Pensionsrückstellungen 80 %	14.500.000	11.600.000
+ Sonstige Rückstellungen 30 %	5.459.000	1.637.700
+ Bankverbindlichkeiten 50 %	14.894.000	7.447.000
= langfristiges Fremdkapital		**20.684.700**

$$\text{Langfristiges Fremdkapital} = \frac{20.684.700}{491.875} = 42{,}05\ \%$$

42,05 % des Fremdkapitals ist langfristig, ein weiteres Argument für eine gute Finanzierung.

Der Verschuldungsgrad ist eine andere Kennzahl, das wichtige Verhältnis von Eigenkapital zu Fremdkapital zu berechnen. Er ist eine Ergänzung zur Eigenkapitalquote und zum Anspannungsgrad.

Der Verschuldungsgrad wird aus dem Verhältnis von Eigenkapital zu Fremdkapital berechnet.

$$\text{Verschuldungsgrad} = \frac{\text{Fremdkapital}}{\text{Eigenkapital}}$$

Ein Verschuldungsgrad von z. B. 2 besagt, dass das Fremdkapital doppelt so hoch wie das Eigenkapital ist. Ein Verschuldungskoeffizient von kleiner als 1 bedeutet folglich, dass das

Fremdkapital kleiner als das Eigenkapital ist. Je höher der Verschuldungsgrad, umso geringer ist die finanzielle Unabhängigkeit eines Unternehmens.

Der Verschuldungsgrad für die MAG lässt sich aus den vorhandenen Daten berechnen.

$$\text{Verschuldungsgrad} = \frac{49.187.500}{50.593.500} = 0{,}97$$

Das allgemeine Risiko erhöht sich mit steigendem Verschuldungsgrad. Das Eigenkapital, die haftenden Mittel, sind dann schnell zu gering.

Amerikanische Bilanz (GAAP)

Die Darstellung der Bilanz erfolgt in den USA nach den dortigen Rechnungslegungsvorschriften GAAP – den „Generally Accepted Accounting Principles" – in der folgenden Reihenfolge der Positionen:

- **Assets (Aktiva)**
  - Current Assets (Umlaufvermögen)
  - Property, Plant and Equipment (Anlagevermögen)
- **Liabilities and Stockholder's Equity (Passiva)**
  - Current Liabilities (kurzfristige Verbindlichkeiten)
  - Long-Term Borrowings (langfristige Verbindlichkeiten)
  - Stockholder's Equity (Eigenkapital)

Wie erkennt man die Finanzierung?

3. SCHRITT: Aktiva und Passiva

ZIEL: Finanzierung beurteilen können

Die goldene Bilanzregel verlangt, dass das gesamte Anlagevermögen (Gebäude, Maschinen) durch Eigenkapital finanziert wird. Ein hoher Anteil des Anlagevermögens am Gesamtvermögen erfordert ebenfalls einen hohen Anteil an Eigenkapital am Gesamtkapital, also eine hohe Eigenkapitalquote.

Die goldene oder klassische Finanzierungsregel, die auf der goldenen Bilanzregel aufbaut, verlangt Fristenkongruenz. Die Fristen der Kapitalverwendung (= Investierung) sind mit den Fristen der Kapitalbeschaffung (= Finanzierung) abzustimmen.

Das langfristig im Unternehmen investierte Vermögen ist mit langfristigen Mitteln, also Eigenkapital und langfristiges Fremdkapital, zu finanzieren. Ein hoher Anteil des Anlagevermögens am Gesamtvermögen erfordert ebenfalls einen hohen Anteil an Eigenkapital, bzw. langfristiges Fremdkapital am Gesamtkapital.

Maschinenbau AG, Stuttgart

Bilanz zum 31.12.2014

(in 1000 €)

Aktiva		**Passiva**	
Anlagevermögen		**Eigenkapital**	
Immateriellee Vermögensgegenstände	44	Grundkapital	25.000
Sachanlagen		Kapitalrücklage	5.000
– Grundstücke und Bauten	23.041	Gewinnrücklagen	18.930
– Technische Anlagen und Maschinen	26.297	Bilanzgewinn	3.327
– Betriebs- und Geschäftsausstattung	2.807	(Summe Eigenkapital)	51.027
– Anzahlungen und Anlagen im Bau	4.784		
Finanzanlagen	6.714	**Rückstellungen**	
(Summe Anlagevermögen)	63.687	Rückstellungen für Pensionen	14.500
		Sonst. Rückstellung	5.459
Umlaufvermögen		(Summe Rückstellungen)	19.959
Vorräte	12.357		
Forderungen und anderes Vermögen	14.759	**Verbindlichkeiten**	
Wertpapiere	5.245	Verbindlichkeiten gegenüber Banken	14.894
flüssige Mittel	3.512	Übrige Verbindlichk.	12.548
(Summe Umlaufvermögen)	35.873	(Summe Verbindlichkeiten)	27.442
Rechnungsabgrenzung	221	**Rechnungsabgrenzung**	123
	99.781		**99.781**

Wenn Sie prüfen möchten, ob ein Unternehmen solide finanziert ist, dann helfen Ihnen drei Kennzahlen, die die Anlagendeckung beschreiben. Bei der ersten Kennzahl wird das Verhältnis von Eigenkapital zu Anlagevermögen berechnet. Wünschenswert ist, dass das Eigenkapital das Anlagevermögen zu 100 % deckt.

$$\text{Anlagendeckung I} = \frac{\text{Eigenkapital}}{1\,\%\ \text{Anlagevermögen}}$$

Die MAG hat ein Anlagevermögen von 63.687.000 €, für das Eigenkapital wurden 50.593.500 € errechnet.

$$\text{Anlagendeckung I} = \frac{50.593.500}{636.870} = 79{,}4\ \%$$

Die **Anlagendeckung I** von 79,4 % erreicht zunächst nicht den wünschenswerten Sollwert von 100 %. Das Anlagevermögen sollte nämlich möglichst durch Eigenkapital finanziert sein. Wenn dies nicht erreicht wird, dann sollte aber eine Finanzierung durch langfristige Mittel gesichert sein.

Die **Anlagendeckung II** ist eine Gegenüberstellung von Anlagevermögen und langfristigem Kapital.

$$\text{Anlagendeckung II} = \frac{\text{Eigenkapital} + \text{langfristiges Fremdkapital}}{1\,\%\ \text{Anlagevermögen}}$$

Das langfristige Fremdkapital 2014 der MAG wurde auf Seite 28 berechnet und beträgt 20.684.700 €. Dieser Betrag ist in die bereits gezeigte Formel einzusetzen.

$$\text{Anlagendeckung II} = \frac{50.593.500 + 20.684.700}{636.870} = 111{,}9\,\%$$

Die Finanzierung des Anlagevermögens durch langfristiges Kapital wurde voll erreicht. Eigenkapital und langfristiges Fremdkapital kommen zusammen auf 112 %. Das Anlagevermögen ist also zu 100 % durch langfristige Mittel finanziert, auch ein Teil des eisernen Bestandes ist langfristig finanziert. Die Finanzierung ist damit solide.

Die **Anlagendeckung III** bezieht das langfristig gebundene Umlaufvermögen, insbesondere den sogenannten eisernen Bestand, in die Analyse ein. Der Mindestbestand an Vorräten ist ebenfalls langfristig zu finanzieren. Das Anlagevermögen und das dauernd gebundene Umlaufvermögen, der eiserne Bestand, sind durch Eigenkapital und/oder langfristiges Fremdkapital zu finanzieren.

$$\text{Anlagendeckung III} = \frac{\text{Eigenkapital} + \text{langfristiges Fremdkapital}}{1\,\%\ \text{Anlagevermögen} + \text{langfristiges Umlaufvermögen}}$$

Welche Bilanzpositionen zur Absicherung von Grundschulden/Hypotheken und von Sicherungsübereignungen in Betracht kommen:
Grundschulden/Hypotheken: Grundstücke und Gebäude
Sicherungsübereignungen: Technische Anlagen, Maschinen, Betriebs- und Geschäftsausstattung, Waren.

Welche Bilanzpositionen zeigen die Liquidität?

4. SCHRITT: Aktiva und Passiva

ZIEL: Liquiditätslage beurteilen können

Liquidität ist die Fähigkeit, allen Zahlungsverpflichtungen zu den jeweiligen Fälligkeitsterminen in voller Höhe nachkommen zu können.

Zwischen den Bilanzpositionen, die zum kurzfristig liquidierbaren Vermögen gehören, bestehen Unterschiede. Man unterscheidet deshalb liquide Mittel erster, zweiter und dritter Ordnung.

Zahlungsmittel, die unmittelbar für Zahlungen verwendet werden können, gehören zu **Liquidität erster Ordnung**. Dazu zählen der Kassenbestand, Postscheckguthaben, Giroeinlagen bei Banken, Schecks und Kundenwechsel.

Die liquiden Mittel erster Ordnung sind in der Bilanz der MAG unter der Position „flüssige Mittel" ausgewiesen und betragen 3.512.000 €.

Aktiva (in €)

Umlaufvermögen	
Vorräte	12.357.000
Forderungen und sonstige Vermögensgegenstände	14.759.000
Wertpapiere	5.245.000
flüssige Mittel	3.512.000
(Summe Umlaufvermögen)	35.873.000

Bei der **Liquidität zweiter Ordnung** kommen noch kurzfristige Forderungen aus Warenlieferungen, Aktien und Obligationen sowie leicht verkäufliche Warenvorräte hinzu. Sie sind zwar nicht unmittelbar einsetzbar wie die liquiden Mittel erster Ordnung, können aber relativ leicht verflüssigt werden.

Die liquiden Mittel zweiter Ordnung der MAG können Sie aus der Bilanz ableiten. Die leicht verkäuflichen Vorräte sind mit 2.000.000 € anzusetzen.

Liquide Mittel zweiter Ordnung der MAG

Flüssige Mittel	3.512.000
+ Wertpapiere	5.245.000
+ Forderungen u. sonstige Vermögensgegenstände	14.759.000
+ leicht verkäufliche Warenvorräte	2.000.000
	25.516.000

Die hohe Liquidität der MAG ist auf die hohen Wertpapierbestände im Umlaufvermögen zurückzuführen.

Bei der **Liquidität dritter Ordnung** kommen noch die gesamten Roh-, Hilfs- und Betriebsstoffe sowie die fertigen und unfertigen Erzeugnisse hinzu. Der Fertigwarenbestand kann in der Regel erst nach einigen Wochen oder Monaten verkauft werden. Keinesfalls darf aber der eiserne Bestand an Materialien oder das zur Aufrechterhaltung der Fertigung notwendige Anlagevermögen zu den liquiden Mitteln hinzugerechnet werden.

Die liquiden Mittel dritter Ordnung können aus dem „Umlaufvermögen abzüglich eiserner Bestand" errechnet werden.

Es ergibt sich eine Summe von 35.873.000 € minus 700.000 € = 35.173.000 €.

Liquide Mittel erster bis dritter Ordnung

Liquide Mittel erster Ordnung

- Kasse
- Postscheck-guthaben
- Sicht- und Termin-einlagen bei Banken
- Schecks
- diskontfähige Wechsel

Liquide Mittel zweiter Ordnung

- kurzfristige Forderungen aus Warenlieferungen
- Aktien, Anleihen
- Kasse
- Postscheck-guthaben
- Sicht- und Termin-einlagen bei Banken
- Schecks
- diskontfähige Wechsel

Liquide Mittel dritter Ordnung

- Roh-, Hilfs- und Betriebsstoffe
- unfertige Erzeug-nisse
- fertige Erzeugnisse
- kurzfristige Forderungen aus Warenlieferungen
- Aktien, Anleihen
- Kasse
- Postscheck-guthaben
- Sicht- und Termin-einlagen bei Banken
- Schecks
- diskontfähige Wechsel

Die Höhe der liquiden Mittel sagt allein noch nicht viel über die Liquidität aus. Ein Unternehmen kann durchaus über geringe liquide Mittel verfügen und dennoch liquide sein, dann nämlich, wenn die kurzfristigen Verbindlichkeiten noch kleiner sind. Sie sehen, die Liquidität ist auch abhängig von der Höhe der kurzfristigen Verbindlichkeiten. Die Liquidität ist immer abhängig vom Verhältnis der liquiden Mittel zu den kurzfristigen Verbindlichkeiten. Auf diese Weise lassen sich drei Grade der Liquidität errechnen.

Die **Liquidität 1. Grades** oder **Barliquidität** bedeutet kurzfristige Zahlungsfähigkeit. Die flüssigen Mittel werden in Beziehung zu den kurzfristigen Verbindlichkeiten gesetzt. Kasse, Postscheckguthaben, Sicht- und Termineinlagen bei Banken sowie diskontfähige Wechsel werden den kurzfristigen Verbindlichkeiten gegenüber gestellt.

$$\text{Liquidität 1. Grades} = \frac{\text{flüssige Mittel}}{1\,\%\ \text{kurzfristige Verbindlichkeiten}}$$

Die Position „flüssige Mittel" beträgt 3.512.000 €, die Verbindlichkeiten sind aus der Bilanz zu ersehen.

Passiva (in €)

Rückstellungen	
Rückstellungen für Pensionen	14.500.000
Sonstige Rückstellung	5.459.000
(Summe Rückstellungen)	19.959.000
Verbindlichkeiten	
Verbindlichkeiten gegen Banken	14.894.000
Übrige Verbindlichkeiten	12.548.000
(Summe Verbindlichkeiten)	27.442.000
Rechnungsabgrenzung	123.000

Die Summe der kurzfristigen Verbindlichkeiten kann vereinfacht aus den beiden Positionen „Verbindlichkeiten" und „sonstige Rückstellungen" gebildet werden.

Es soll hier aber ein genaueres Verfahren angewendet werden. 50 % der Bankverbindlichkeiten, 70 % der übrigen Verbindlichkeiten, 60 % der sonstigen Rückstellungen und 5 % der Pensionsrückstellungen werden als kurzfristig eingestuft. Solche Informationen kann der „Bilanzleser" oft dem Anhang am Ende des Geschäftsberichts entnehmen, wo nähere Informationen zu einzelnen Bilanzpositionen gemacht werden.

Kurzfristige Verbindlichkeiten der MAG

	insgesamt	kurzfristig
Bankverbindlichkeiten 50 %	14.894.000	7.447.000
+ Übrige Verbindlichkeiten 70 %	12.548.000	8.783.600
Rückstellungen		
+ Pensionen 5 %	14.500.000	725.000
+ Sonstige Rückstellungen 60 %	5.459.000	3.275.400
= kurzfristige Verbindlichkeiten		**20.231.000**

Es ist eine Beziehung zwischen den flüssigen Mitteln in Höhe von 3.512.000 € und den kurzfristigen Verbindlichkeiten von 20.231.000 € herzustellen. 1 % der Verbindlichkeiten sind 202.310 €. Die Liquidität 1. Grades der MAG erreicht dann am 31.12.2014 17,4 %.

$$\text{Liquidität 1. Grades} = \frac{3.512.000}{202.310} = 17{,}4\ \%$$

Die **Liquidität 2. Grades** oder **einzugsbedingte Liquidität** ist die Gegenüberstellung des kurzfristigen Umlaufvermögens und der kurzfristigen Verbindlichkeiten. Das kurzfristige Umlaufvermögen umfasst flüssige Mittel und kurzfristige Forderungen.

$$\text{Liquidität 2. Grades} = \frac{\text{kurzfristiges Umlaufvermögen}}{1\,\%\ \text{kurzfristige Verbindlichkeiten}}$$

Die MAG weist kurzfristige Verbindlichkeiten in Höhe von 20.231.000 € auf. Das kurzfristige Umlaufvermögen entspricht den liquiden Mitteln zweiter Ordnung. Es beträgt nach der Tabelle „Liquide Mittel zweiter Ordnung" 25.516.000 €.

$$\text{Liquidität 2. Grades} = \frac{25.516.000}{202.310} = 126{,}1\,\%$$

Die MAG erreicht mit 126,1 % eine gute Liquidität 2. Grades.

Die **Liquidität 3. Grades** ist die Gegenüberstellung des gesamten Umlaufvermögens und der kurzfristigen Verbindlichkeiten und bedeutet langfristige Zahlungsfähigkeit. Sie wird auch als **umsatzbedingte Liquidität** bezeichnet.

$$\text{Liquidität 3. Grades} = \frac{\text{gesamtes Umlaufvermögen}}{1\,\%\ \text{kurzfristige Verbindlichkeiten}}$$

Das gesamte Umlaufvermögen der MAG beträgt 35.873.000 €, die kurzfristigen Verbindlichkeiten wurden bereits mit 20.231.000 € ermittelt.

$$\text{Liquidität 3. Grades} = \frac{35.873.000}{202.310} = 177,3$$

Die umsatzbedingte Liquidität der MAG von 177,3 % ist als hoch anzusehen.

Liquidität 1. bis 3. Grades

- Liquidität 1. Grades oder Barliquidität bedeutet kurzfristige Zahlungsfähigkeit
- Liquidität 2. Grades oder einzugsbedingte Liquidität bedeutet mittelfristige Zahlungsfähigkeit
- Liquidität 3. Grades oder umsatzbedingte Liquidität bedeutet langfristige Zahlungsfähigkeit

Darstellung der Liquidität nach IFRS, US-GAAP und BilMoG

Die Jahresabschlüsse nach IFRS oder US-GAAP verlangen auch eine Berichterstattung über die Liquidität und die finanzielle Lage (changes in financial position). Sie sind für den Investor wichtig, denn er benötigt außer einer periodengerechten Erfolgsermittlung auch Angaben zur finanziellen Lage des Unternehmens.

Das Bilanzrechtsmodernisierungsgesetz (BilMoG) verlangt von Kapitalgesellschaften mit an der Börse gehandelten Wertpapieren, dass sie in ihrem Jahresabschluss neben Bilanz, Gewinn- und Verlustrechnung und Anhang noch einen Eigenkapitalspiegel und eine Kapitalflussrechnung erstellen.

Gewinn- und Verlustrechnung (G+V-Rechnung)

Der Kaufmann muss am Schluss eines jeden Geschäftsjahres eine Gewinn- und Verlustrechnung (G+V-Rechnung) aufstellen (§ 242 HGB).

In diesem Kapitel lesen Sie,

- wie Sie die Gesamtleistung beurteilen (S. 46),
- wie Sie von der Gesamtleistung zum Ergebnis kommen (S. 49),
- wie Sie Rentabilität (S. 57) und Cashflow berechnen (S. 61).

Welcher Aufbau ist für die Gewinn- und Verlustrechung vorgeschrieben?

5. SCHRITT: Gewinn- und Verlustrechnung
ZIEL: Konto- und Staffelform kennen

Gewinn- und Verlustrechnung

Der Kaufmann muss am Schluss eines jeden Geschäftsjahres eine Gewinn- und Verlustrechnung (G+V-Rechnung) aufstellen (§ 242 HGB).

Während die Bilanz das Vermögen und die Schulden zu einem bestimmten Tag, dem Bilanzstichtag, darstellt, ist die G+V-Rechnung eine **Zeitraumrechnung**. Sie zeigt die Entstehung des Gewinnes bzw. Verlustes in der abgelaufenen Periode. In ihr wird der Gesamterfolg eines Unternehmens dargestellt. Der Gesamterfolg umfasst betriebsbedingte und betriebsfremde Aufwendungen und Erträge. Das **Betriebsergebnis** dagegen zeigt den Betriebserfolg und unterrichtet, wie erfolgreich das Unternehmen auf seinem eigentlichen Tätigkeitsgebiet war. Die betriebsfremden Aufwendungen und Erträge werden in der Abgrenzungsrechnung herausgerechnet, z. B. Mieterträge oder Kursgewinne bzw. -verluste beim Verkauf von Aktien in einem Industriebetrieb.

Kontoform

Die G+V-Rechnung kann in Konto- oder Staffelform erfolgen. Bei der **Kontoform** erfasst das **Gewinn- und Verlustkonto** als Abschlusskonto die Aufwendungen und Erträge einer Buchhaltungsperiode. Die Aufwendungen erscheinen im Soll, die Erträge im Haben.

Aufwendungen sind der Werteverzehr eines Unternehmens an Gütern, Dienstleistungen und Abgaben. Die Kostenrechnung gliedert die Aufwendungen des Unternehmens in betriebsbezogene Aufwendungen (= **Kosten**) und betriebsfremde Aufwendungen (= neutrale Aufwendungen = Nichtkosten).

Erträge sind Wertzuflüsse aus dem Verkauf der eigenen oder fremden Erzeugnisse und der erbrachten Dienstleistungen. Sie werden für die Kostenrechnung in betriebsbezogene Erträge (= **Leistungen**) und betriebsfremde Erträge (= neutrale Erträge) aufgeteilt.

Soll	**Gewinn- und Verlustkonto**	**Haben**
Aufwendungen		Erträge
Aufwendungen für Rohstoffe		Umsatzerlöse
Löhne und Gehälter		Bestandsmehrungen
Soziale Abgaben		Eigenleistungen
Abschreibungen auf Anlagen		Mieterträge
Abschreibungen auf Forderungen		Erträge aus Abgang von
Fremdinstandhaltungen		Vermögensgegenständen
Zinsen		Provisionserträge
Steuern		Zinserträge
Außerordentliche Aufwendungen		
„Gewinn"		„Verlust"

Gewinn entsteht, wenn die Erträge größer als die Aufwendungen sind. Der Saldo „Gewinn" wird auf der Aufwandsseite ausgewiesen. Bei **Verlust** sind die Aufwendungen größer als die Erträge. Der Reingewinn bzw. -verlust wird auf das Konto „Eigenkapital" übertragen.

Die G+V-Rechnung in Kontoform ist nicht so detailliert wie die Staffelform. Der Gesetzgeber hat für die Veröffentlichung bei Kapitalgesellschaften die **Staffelform** im Handelsgesetz zwingend vorgeschrieben (§ 275 HGB). Nur **Einzelunternehmen** und **Personengesellschaften** können zwischen Kontoform und Staffelform wählen. Für sie gilt aber auch, dass die einmal gewählte Darstellungsform aus Gründen der Bilanzkontinuität beibehalten werden muss.

Staffelform

Die Staffelform ermöglicht den Ausweis von Zwischensummen und Zwischenergebnissen. Die Erträge und Aufwendungen werden in einer bestimmten Aufstellung angeordnet und fortschreitend mit aussagefähigen Zwischenergebnissen ausgewiesen. Man kommt so über verschiedene Stufen von der Gesamtleistung zum Jahresüberschuss. Die Zusammensetzung des Erfolges wird so leicht erkennbar, was auch den Vergleich mit früheren Jahren erleichtert.

Von der Gesamtleistung zum Bilanzgewinn/-verlust

Stufe	Ermittlung von
1. Stufe	Gesamtleistung
2. Stufe	Betriebsergebnis
3. Stufe	Finanzergebnis
4. Stufe	außerordentliches Ergebnis
5. Stufe	Steuern
6. Stufe	Jahresüberschuss/Jahresfehlbetrag
7. Stufe	Bilanzgewinn/Bilanzverlust

Gesamtkosten- und Umsatzkosten-verfahren

Bei der Staffelform kann zwischen dem Gesamtkostenverfahren und dem Umsatzkostenverfahren gewählt werden.

Das **Gesamtkostenverfahren** stellt die Leistung der Geschäftsperiode in den Mittelpunkt, gleichgültig, ob die hergestellten oder erbrachten Leistungen auch tatsächlich am Markt abgesetzt worden sind. Die Gesamtleistung eines Industriebetriebes zeigt sich nicht nur in den Umsatzerlösen, sondern auch in etwaigen Bestandsvermehrungen und anderen Eigenleistungen (z. B. selbst erstellte Anlagen).

Das in den angelsächsischen Ländern praktizierte **Umsatzkostenverfahren** geht von den verkauften Produkten oder Leistungen in der Periode aus. Der Umsatz der Geschäftsperiode ist der Ausgangspunkt und ihm werden die Kosten zugerechnet. Die Kosten werden nach den Funktionsbereichen Fertigung, Vertrieb und Verwaltung erfasst.

Wie wird die Gesamtleistung beurteilt?

6. SCHRITT: Gesamtleistung berechnen
ZIEL: Leistung der Geschäftsperiode beurteilen

Beim Gesamtkostenverfahren in Staffelform werden die ersten vier Positionen ausgewiesen und zur Gesamtleistung addiert. Große Kapitalgesellschaften müssen die vier Positionen im Geschäftsbericht angeben, man spricht deshalb auch von einer Bruttorechnung. Die MAG weist 2014 eine Gesamtleistung von 174,8 Mio. € aus.

Von den Umsatzerlösen zur Gesamtleistung

Gewinn- und Verlustrechnung Maschinenbau AG (MAG) 2014	
	€
Umsatzerlöse	172.703.645
Erhöhung des Bestands an fertigen u. unfertigen Erzeugnissen	462.804
Andere aktivierte Eigenleistungen	689.401
Sonstige betriebliche Erträge	956.093
Gesamtleistung	**174.811.943**

Umsatzerlöse

Die Verkaufserlöse aus den eigenen Erzeugnissen und den Handelswaren sind hier auszuweisen. Die Umsatzerlöse der MAG erreichen im Geschäftsjahr 172,7 Mio. €.

Erhöhung oder Verminderung des Bestandes an fertigen und unfertigen Erzeugnissen

Eine Bestandsvermehrung an fertigen und unfertigen Erzeugnissen bedeutet eine Zunahme und damit Erlöse. Bestandsminderungen wirken entgegengesetzt. Bei der MAG waren die Bestände an fertigen und unfertigen Erzeugnissen am 31.12.2014 um 462.804 € höher als ein Jahr zuvor.

Andere aktivierte Eigenleistungen

Selbst erstellte Anlagen und selbst durchgeführte Großreparaturen sind Beispiele für andere aktivierte Leistungen. Die MAG kann hier den Betrag von 689.401 € ausweisen. Es sind Eigenleistungen in Verbindung mit der umfangreichen Investitionstätigkeit erfasst.

Sonstige betriebliche Erträge

Mieteinnahmen von Industrie- und Handelsunternehmen sind hier auszuweisen. Die Position „Sonstige betriebliche Erträge" ist ein Sammelposten und beinhaltet sehr verschiedene Erträge, insbesondere:

- Erträge aus Dienstleistungen
- Erlöse aus Nebentätigkeiten
- Erträge aus Vermietungen und Verpachtungen
- Buchgewinne aus dem Verkauf von Anlagegütern
- Kursgewinne im Außenhandel
- Erträge aus Wertpapierverkäufen
- Gewinne aus dem Verkauf von Beteiligungen
- Erträge aus der Auflösung von Rückstellungen

- Gutschriften für frühere Perioden
- erhaltene Investitionszulagen und andere staatliche Zuschüsse

Die sonstigen betrieblichen Erträge der MAG belaufen sich auf 956.093 €.

Das **Rohergebnis** ergibt sich, wenn die Gesamtleistung, also Umsatzerlöse, Bestandsveränderungen, aktivierte Eigenleistungen und sonstige betriebliche Erträge, mit den Materialaufwendungen saldiert werden. Das Rohergebnis dürfen aber nur kleine und mittelgroße Kapitalgesellschaften ausweisen.

Das Rohergebnis der MAG erhalten Sie, wenn Sie von der Gesamtleistung in Höhe von 174.811.943 € die Positionen „Aufwendungen für Roh-, Hilfs- und Betriebsstoffe und bezogene Waren" und „Aufwendungen für bezogene Leistungen" abziehen. Dann erhalten Sie 99.733.486 €.

Von der Gesamtleistung zum Rohergebnis

	€
Gesamtleistung	174.811.943
Materialaufwand:	
Aufwendungen für Roh-, Hilfs- und Betriebsstoffe und für bezogene Waren	- 62.945.918
Aufwendungen für bezogene Leistungen	- 12.132.539
Rohergebnis	**99.733.486**

Wie kommt man von der Gesamtleistung zum „Ergebnis der gewöhnlichen Geschäftstätigkeit"?

7. SCHRITT: Ergebnis der gewöhnlichen Geschäftstätigkeit errechnen
ZIEL: Betriebsergebnis / Finanzergebnis

Von der Gesamtleistung müssen Sie verschiedene Aufwandsarten abziehen, wenn Sie das Betriebsergebnis feststellen wollen. Gesamtleistung abzüglich Materialaufwand, Personalaufwand, Abschreibungen und sonstige betriebliche Aufwendungen ergibt das Betriebsergebnis.

Von der Gesamtleistung zum Betriebsergebnis

	€
Gesamtleistung	174.811.943
Materialaufwand:	
Aufwendungen für Roh-, Hilfs- und Betriebsstoffe und für bezogene Waren	- 62.945.918
Aufwendungen für bezogene Leistungen	- 12.132.539
Personalaufwand:	
Löhne und Gehälter	- 54.346.890
Soziale Abgaben und Aufwendungen für Altersversorgung und für Unterstützung	- 11.125.092
Abschreibungen auf immaterielle Vermögensgegenstände und Sachanlagen	- 7.286.900
Sonstige betriebliche Aufwendungen	- 19.345.958
Betriebsergebnis	**7.628.646**

Materialaufwand

Die anfallenden Aufwendungen für Roh-, Hilfs- und Betriebsstoffe sowie die Einstandspreise für Handelswaren sind an dieser Stelle auszuweisen. Auch Abschreibungen auf Vorräte und Handelswaren sind hier zu buchen.

Die MAG weist unter „Materialaufwand für Roh-, Hilfs- und Betriebsstoffe sowie fremdbezogene Waren" einen Betrag von 62,9 Mio. € aus. Die Aufwendungen für bezogene Leistungen betragen 12,1 Mio. €.

Personalaufwand

Der Personalaufwand umfasst Löhne und Gehälter sowie soziale Abgaben und Aufwendungen für Altersversorgung.

Die Position „Löhne und Gehälter" beinhaltet sämtliche Geldbezüge der Arbeiter und Angestellten (= Bruttolöhne und -gehälter) sowie die Bezüge der Unternehmensleitung. Die Sozialversicherungsbeiträge der Arbeitnehmer beinhalten auch Feiertags- und Urlaubslöhne sowie Zulagen und Prämien.

Die Löhne und Gehälter betragen bei der MAG 54,3 Mio. €. Die sozialen Abgaben und Aufwendungen für Altersversorgung und Unterstützung erreichen 11,1 Mio. €.

Die Aufwendungen für soziale Abgaben beinhalten die gesetzlichen Pflichtabgaben der Arbeitgeber, den Arbeitgeberanteil. Pensionszahlungen, Zuführungen zu den Pensionsrückstellungen sowie Zahlungen an Unterstützungs- und Pensionskassen sind Aufwendungen für Altersversorgung und für Unterstützung.

Abschreibungen

Unter dieser Position sind Abschreibungen auf Sachanlagen und die Sofortabschreibung auf geringwertige Wirtschaftsgüter auszuweisen.

Die MAG weist unter „Abschreibungen auf immaterielle Vermögensgegenstände des Anlagevermögens und Sachanlagen" einen Betrag von 7,3 Mio. € aus. Die umfangreiche Investitionstätigkeit führte zu hohen Abschreibungen.

Sonstige betriebliche Aufwendungen

Sonstige betriebliche Aufwendungen sind wie die Position „Sonstige betriebliche Erträge" ein Sammelposten. Eine Vielzahl von periodenbezogenen und periodenfremden Aufwendungen sind hier zu berücksichtigen, wodurch die Aussagefähigkeit dieses Gliederungspostens eingeschränkt wird.

Soziale Abgaben aufgrund von Tarifverträgen, Betriebsvereinbarungen oder individueller Arbeitsverträge sind hier auszuweisen. Fahrtkostenzuschüsse, Aus- und Fortbildungskosten sowie Wohngeldzuschüsse sind „Sonstige betriebliche Aufwendungen". Auch die Verwaltungs- und Vertriebskosten einschließlich Vertreterprovisionen sind hier zu erfassen.

Sonstige betriebliche Aufwendungen beinhalten ferner:

- Verkauf von Anlagegütern mit Verlust
- Instandhaltungsaufwendungen
- Reisekosten und Messekosten
- Rechts- und Beratungskosten
- Beiträge und Gebühren

- Garantieaufwendungen
- Ausgangsfrachten und -verpackungen
- Mieten und Pachten
- Währungs- und Kursverluste
- Abschreibungen auf Forderungen und andere Vermögensgegenstände des Umlaufvermögens
- Bildung von Rückstellungen

Die MAG weist unter der Position „sonstige betriebliche Aufwendungen" 19,3 Mio. € aus.

Finanzergebnis

Erträge aus Finanzanlagen und Abschreibungen auf Finanzanlagen bilden das Finanzergebnis. Die MAG weist folgende Beträge in den einzelnen Positionen aus.

Das Finanzergebnis und seine Positionen

	€
Erträge aus Beteiligungen	412.945
Erträge aus anderen Wertpapieren und Ausleihungen des Finanzanlagevermögens	210.943
Sonstige Zinsen und ähnliche Erträge	112.319
Zinsen und ähnliche Aufwendungen	– 946.360
Finanzergebnis	**– 210.153**

Erträge aus Beteiligungen

Erträge aus Beteiligungen und aus Gewinnabführungsverträgen mit verbundenen Unternehmen werden an dieser Stelle erfasst. Die MAG weist in dieser Position 412.945 € aus.

Erträge aus anderen Wertpapieren und Ausleihungen
Dividenden aus Aktien des Anlagevermögens und Zinserträge aus Krediten an verbundene Unternehmen erscheinen hier. Es darf sich aber nicht um Beteiligungen handeln. Die MAG hat im Geschäftsjahr 2014 Erträge von 210.943 €.

Sonstige Zinsen und ähnliche Erträge
Geschäftsvorfälle, die nicht in den vorigen Positionen ausgewiesen sind, gehören an diese Stelle, z. B. Zinserträge für Forderungen an Dritte, Zinsen für Beteiligungen und Dividenden aus Aktien des Umlaufvermögens. Die MAG weist unter dieser Position 112.319 € aus.

Abschreibungen auf Finanzanlagen und auf Wertpapiere des Umlaufvermögens
Abschreibungen auf Finanzanlagen sowie Wertpapiere des Umlaufvermögens sind hier zu erfassen. Verluste aus dem Verkauf von Wertpapieren des Umlaufvermögens erscheinen ebenfalls in dieser Position.

Zinsen und ähnliche Aufwendungen
Zinsen für Bankkredite, Hypotheken, Darlehen und Lieferantenkredite sind hier zu buchen, z. B. Kredit-, Überziehungs- und Umsatzprovisionen; Diskontbeträge für Wechsel; Disagio; Aufwendungen aus Verlustübernahmen.

Die Zinsen für Bankkredite sind bei der MAG die größte Position. MAG weist „Zinsen und ähnlich Aufwendungen" in Höhe von 946.360 € aus.

Das **Finanzergebnis** der MAG ist mit 210.153 € negativ, wenn die obigen Positionen insgesamt erfasst werden.

Ergebnis der gewöhnlichen Geschäftstätigkeit

Betriebsergebnis und Finanzergebnis ergeben zusammen das Ergebnis der gewöhnlichen Geschäftstätigkeit. Vom Betriebsergebnis der MAG in Höhe von 7.628.646 € ist das negative Finanzergebnis in Höhe von 210.153 € abzuziehen. Das Ergebnis der gewöhnlichen Geschäftstätigkeit der MAG beträgt dann 7.418.493 €. Dies ist ein gutes Ergebnis angesichts der hohen Investitionstätigkeit und den damit in Verbindung stehenden gestiegenen Aufwendungen.

Vom Betriebsergebnis zum Ergebnis der gewöhnlichen Geschäftstätigkeit

	€
Betriebsergebnis	**7.628.646**
Erträge aus Beteiligungen	412.945
Erträge aus anderen Wertpapieren und Ausleihungen des Finanzanlagevermögens	210.943
Sonstige Zinsen und ähnliche Erträge	112.319
Zinsen und ähnliche Aufwendungen	- 946.360
Ergebnis der gewöhnlichen Geschäftstätigkeit	**7.418.493**

Warum unterscheidet man Ergebnis vor Steuern, Jahresüberschuss und Bilanzgewinn?

8. SCHRITT: Ergebnis vor Steuern, Jahresüberschuss und Bilanzgewinn errechnen
ZIEL: Ertragslage und Bilanzgewinn

Das Ergebnis vor Steuern setzt sich aus dem Ergebnis der gewöhnlichen Geschäftstätigkeit und dem außerordentlichen Ergebnis zusammen.

Ergebnis vor Steuern

- Ergebnis der gewöhnlichen Geschäftstätigkeit
- außerordentliches Ergebnis

= Ergebnis vor Steuern

Das **außerordentliche Ergebnis** errechnet sich aus den außerordentlichen Erträgen und Aufwendungen. Es umfasst Vorgänge, die außerhalb der gewöhnlichen Geschäftstätigkeit anfallen und ungewöhnlich in ihrer Art sind.

Außerordentliche Erträge

Außerordentliche Erträge sind Nebenerlöse und stehen in keinem direkten Zusammenhang mit der Verwertung der betrieblichen Leistungen. Gewinne aus Betriebsveräußerungen oder einmalige staatliche Zuschüsse sind Beispiele dafür.

Außerordentliche Aufwendungen

Die außerordentlichen Aufwendungen haben keinen Bezug zur betrieblichen Leistungserstellung. Sie sind nicht regelmäßig wiederkehrend und haben im Rahmen der Geschäftstätigkeit des Unternehmens einen einmaligen Charakter, z. B. Sanierungsmaßnahmen, Verluste beim Verkauf einer wichtigen Beteiligung, außergewöhnliche Schadensfälle, Kosten für einen Sozialplan. Die MAG hat keine außerordentlichen Aufwendungen und Erträge. Das Ergebnis vor Steuern entspricht deshalb dem Ergebnis der gewöhnlichen Geschäftstätigkeit.

Ermittlung von Jahresüberschuss und Bilanzgewinn

Das Ergebnis vor Steuern, gekürzt um „Steuern vom Einkommen und Ertrag" sowie den „sonstigen Steuern", ergibt den Jahresüberschuss bzw. Jahresfehlbetrag. Körperschaftsteuer und Gewerbeertragsteuer sind Steuern vom Einkommen und Ertrag. Die Position „sonstige Steuern" beinhaltet die Steuern vom Vermögen (Grund-, Erbschafts- und Schenkungsteuer). Außerdem sind Kraftfahrzeug-, Mineralöl- und Versicherungssteuer sowie Ausfuhrzölle auszuweisen.

Vom Ergebnis vor Steuern zum Bilanzgewinn

		€
Ergebnis vor Steuern		**7.418.493**
Steuern vom Einkommen und Ertrag	–	2.896.780
Sonstige Steuern	–	394.713
Jahresüberschuss/Jahresfehlbetrag		**4.127.000**
Einstellung in Rücklagen	–	800.000
Bilanzgewinn		**3.327.000**

Bei der AG und der GmbH wird aus dem Jahresüberschuss bzw. -fehlbetrag der **Bilanzgewinn/-verlust** ermittelt. Die Bildung von Gewinnrücklagen oder ihre Aufstockung bedeutet Gewinnverwendung. Andererseits kann durch eine Entnahme aus einer Kapitalrücklage ein Jahresfehlbetrag vermindert oder abgebaut werden.

Was sind die Bezugsgrößen für die Rentabilität?

9. SCHRITT: Rentabilität berechnen
ZIEL: Rentabilität als Erfolgsmaßstab

Wenn Sie feststellen wollen, wie erfolgreich ein Unternehmen arbeitet, dann genügt es nicht nur die Höhe des Bilanzgewinns zu kennen. Wesentlich ist, dass Sie die Rentabilität berechnen, d. h. die Relation von Gewinn zu Kapital bzw. Umsatz. Der Kapitaleinsatz im Unternehmen ist dann auch mit anderen Geldanlageformen vergleichbar. Um die Rentabilität genauer fassen zu können, gibt es mehrere Bezugsgrößen und damit auch mehrere Rentabilitätskennzahlen, insbesondere Eigenkapital-, Gesamt- und Umsatzrentabilität.

Eigenkapitalrentabilität

Die Rentabilität des Eigenkapitals ist das Verhältnis von Reingewinn zu Eigenkapital und entspricht der Verzinsung des Eigenkapitals. Man spricht auch von der Rendite des Eigenkapitals. Die Eigenkapitalrentabilität informiert den Unternehmer, die Gesellschafter und die Aktionäre über die Verzinsung des im Unternehmen investierten Kapitals.

$$\text{Eigenkapitalrentabilität} = \frac{\text{Bilanzgewinn (-verlust)}}{\text{1 \% Eigenkapital}}$$

Die MAG weist einen Bilanzgewinn von 3.327.000 € aus. Zu berücksichtigen ist, dass bereits 800.000 € den Rücklagen zugeführt wurden. Außerdem führen die hohen Abschreibungen, eine Folge der regen Investitionstätigkeit, zu einem niedrigeren Gewinn. Gerade in den ersten Jahren werden Investitionen stark abgeschrieben und entsprechend der Gewinn reduziert. Dies gilt insbesondere bei degressiver Abschreibung, die in den ersten beiden Jahren vom hohen Buchwert abgeschrieben wird, was stark gewinnreduzierend wirkt. Die Ertragslage der MAG ist damit in Wirklichkeit besser als die Zahlen hier ausweisen.

Der Bilanzgewinn von 3.327.000 € ist in Beziehung zum Eigenkapital zu setzen, das Eigenkapital beträgt 50.935.500 € (vgl. Abschnitt Kapitalaufbringung, Seite 23).

$$\text{Eigenkapitalrentabilität} = \frac{3.327.000}{505.935} = 6{,}6\%$$

Gesamtkapitalrentabilität

Die Rentabilität des Gesamtkapitals setzt den Reingewinn zuzüglich Zinsaufwand zum Gesamtkapital ins Verhältnis. Der Unternehmenserfolg ist auf den Einsatz von Eigenkapital und Fremdkapital zurückzuführen. Der Reingewinn zuzüglich Zinsaufwand wird deshalb in Relation zum Gesamtkapital gesehen. Die Gesamtkapitalrentabilität gibt die Verzinsung des im Unternehmen arbeitenden Kapitals an.

$$\text{Gesamtkapitalrentabilität} = \frac{\text{Gewinn} + \text{Kosten für Fremdkapital}}{1\,\%\ \text{Gesamtkapital}}$$

Bei der MAG sind deshalb außer dem Bilanzgewinn von 3.327.000 € noch die Kosten des Fremdkapitals anzusetzen. Als Fremdkapitalzinsen wird der in der G+V-Rechnung in der Position „Zinsen und ähnliche Aufwendungen" ausgewiesene Betrag von 946.360 € verwendet.

$$\text{Gesamtkapitalrentabilität} = \frac{(3.327.000 + 946.360)}{997.810} = 4{,}3\ \%$$

Die MAG erreicht damit eine Eigenkapitalrentabilität von 6,6 % und eine Gesamtkapitalrentabilität von 4,3 %. Die Eigenkapitalrentabilität ist damit deutlich höher als die Gesamtkapitalrentabilität. Der vom Fremdkapital erwirtschaftete Ertrag ist höher als die Kosten für das Fremdkapital, was der Eigenkapitalrendite zugute kommt.

Leverage-Effekt

Wenn die Gesamtkapitalrentabilität oder interne Rendite des Unternehmens höher als der zu zahlende Zinssatz für das Fremdkapital ist, dann wird durch eine weitere Verschuldung, also Aufnahme von zusätzlichem Fremdkapital, eine Steigerung der Eigenkapitalrentabilität erreicht. Dieser Vorgang wird als **Leverage-Effekt** (leverage effect = Hebelwirkung) bezeichnet.

Liegt die Gesamtrentabilität über dem Zinssatz des Fremdkapitals, dann wird durch eine zusätzliche Aufnahme von Fremdkapital die Eigenkapitalrendite erhöht. Der Leverage-

Effekt stellt aber keine **Risikoüberlegungen** an. Das Eigenkapital und nicht das Fremdkapital sind die haftenden Mittel eines Unternehmens. Steigt der Anteil des Fremdkapitals, dann erhöht sich das Investitionsrisiko und das Kapitalrisiko für alle Beteiligten.

Der Leverage-Effekt hängt von der Ertragskraft des Unternehmens und der Höhe der Zinsen für Fremdkapital ab. Der Leverage-Effekt kann auch negativ wirken. Dies tritt ein, wenn die Gesamtkapitalrentabilität unter den Fremdkapitalzins fällt. Die Eigenkapitalrentabilität sinkt dann mit der Zunahme des Fremdkapitals am Investitionsprojekt.

Umsatzrentabilität

Eine weitere wichtige Kennzahl ist die Umsatzrentabilität, das Verhältnis von Gewinn und Geschäftsvolumen. Sie informiert, in welcher Relation der Gewinn zum Geschäftsvolumen steht. Hohe Umsatzrentabilität heißt, dass das Unternehmen im Hinblick auf die Größe seines Geschäftsvolumens einen hohen Gewinn erwirtschaftet.

Wenn Sie die Umsatzrentabilität berechnen wollen, dann müssen Sie den Bilanzgewinn bzw. -verlust in Beziehung zum Jahresumsatz setzen.

$$\text{Umsatzrentabilität} = \frac{\text{Bilanzgewinn (-verlust)}}{1\,\%\ \text{Umsatz}}$$

Die G+V-Rechnung der MAG weist einen Jahresumsatz von 172.703.645 € und einen Bilanzgewinn von 3.327.000 € aus.

$$\text{Umsatzrentabilität} = \frac{3.327.000}{1.727.036,45} = 1,93\ \%$$

Die berechnete Umsatzrentabilität ist zunächst statisch. Eine Dynamisierung wird erreicht, wenn Sie den Wert mit einem oder mehreren Vorjahren vergleichen.

Der innerbetriebliche Vergleich sollte durch den zwischenbetrieblichen Vergleich, insbesondere mit derselben Branche, ergänzt werden. Kennzahlen aus zwischenbetrieblichen Vergleichen, vor allem Branchendurchschnitte oder typische Werte der Branche (häufigste Werte), zeigen wie „gut" das jeweilige Unternehmen ist.

Wieso informiert der Cashflow umfassender?

10. SCHRITT: Cashflow errechnen

ZIEL: Cashflow in der Bilanzanalyse anwenden

Der **Cashflow**, der aus den USA stammt, ist eine Kennzahl zur Beurteilung der Finanz- und Ertragskraft eines Unternehmens. Der Cashflow zeigt den umsatzbedingten Liquiditätszufluss an, den Überschuss der umsatzbedingten Einnahmen über die umsatzbedingten Ausgaben. Ein Unternehmen kann mit dem Cashflow Ersatz- und Erweiterungsinvestitionen finanzieren, ohne Eigen- oder Fremdkapital aufzunehmen. Mit steigendem Cashflow nimmt somit das Finanz- und Ertragspotential eines Unternehmens zu. Wenn Sie vom Cashflow (= Brutto-Cashflow) die Steuern und die Gewinnausschüttungen abziehen, dann erhalten Sie den Netto-Cashflow. Der Cashflow zeigt, in welcher Höhe einem Unternehmen aus der Umsatztätigkeit **flüssige Mittel** zur Verfügung stehen, die für verschiedene Zwecke verwendet werden können:

- liquide Mittel aufstocken
- Schulden tilgen
- Investitionen finanzieren
- Gewinne ausschütten

Der Cashflow umfasst den ausgewiesenen Reingewinn, die Zuweisungen zu den Rücklagen, die **Abschreibungen** auf Sachwerte und Beteiligungen sowie die Bildung von langfristigen Rückstellungen. Keine Einigkeit besteht, ob der Cashflow außerordentliche Aufwendungen und Erträge beinhalten soll.

Cashflow-Berechnung

	Bilanzgewinn (bzw. Bilanzverlust)
+	Abschreibungen
+	Zunahme der langfristigen Rückstellungen (Abnahme –)
+	außerordentliche periodenfremde Aufwendungen
–	außerordentliche periodenfremde Erträge
+	Zuführungen zu den Rücklagen (Auflösung von Rücklagen –)
=	**Cashflow**

Der Cashflow enthält damit auch die jährlichen Abschreibungen, was bedeutet, dass die Auswirkungen einer unterschiedlich starken Investitionstätigkeit über die Abschreibungen erfasst wird. Der Cashflow liefert insofern genauere Informationen als der Bilanzgewinn.

Die Aussagefähigkeit des Cashflow zeigt sich besonders gut beim innerbetrieblichen Vergleich. Sie sollten deshalb die Daten mehrerer aufeinanderfolgender Geschäftsjahre in die Analyse einbeziehen.

Cashflow-Berechnung der MAG

		€
	Bilanzgewinn	3.327.000
+	Abschreibungen Anlagevermögen	7.286.900
+	Abschreibungen Umlaufvermögen	–
+	außerordentliche Aufwendungen	–
+	Zunahme der langfristigen Rückstellungen	450.000
+	Zuführungen zu den Rücklagen	800.000
=	**Cashflow**	**11.863.900**

Einem Bilanzgewinn von 3.327.000 € steht ein Cashflow von 11.863.900 € gegenüber. Letzterer erfasst eben in vollem Umfang die Abschreibungen auf das Anlagevermögen in Höhe von 7.286.900 €. So wird die hohe Investitionstätigkeit mit ihren gewinnreduzierenden Auswirkungen erfasst.

> Der Cashflow zeigt eine Erhöhung der Finanz- und Ertragskraft deutlicher als der Jahresüberschuss oder der Bilanzgewinn.

Cashflow-Eigenkapitalrendite

Das Verhältnis von Cashflow zu Eigenkapital oder Gesamtkapital zeigt, wie viel Prozent des Eigen- oder Gesamtkapitals in einer bestimmten Geschäftsperiode als Finanzierungsmittel zugeflossen sind.

$$\text{Cashflow - Eigenkapitalrendite} = \frac{\text{Cashflow}}{1\,\%\ \text{Eigenkapital}}$$

$$\text{Cashflow - Eigenkapitalrendite} = \frac{11.863.900}{505.935} = 23{,}4\%$$

Die Cashflow-Eigenkapitalrendite der MAG von 23,4 % zeigt in vollem Umfang die Ertragsstärke des Unternehmens.

Diese Kennzahl berücksichtigt eben in vollem Umfang die starke Investitionstätigkeit, die zu hohen Abschreibungen führte. Die Cashflow-Eigenkapitalrendite ist wesentlich aussagefähiger als die Eigenkapitalrentabilität.

Der Cashflow sollte insbesondere angewendet werden, wenn bei mittleren Unternehmen Jahre mit starken Schwankungen in der Investitionstätigkeit miteinander verglichen werden. Die Beurteilung der Ertragslage einzelner Jahre erfolgt durch den Cashflow objektiver als durch den Gewinn. Der Cashflow beinhaltet eben auch die Abschreibungen.

Die Cashflow-Gesamtkapitalrendite der MAG lässt sich entsprechend ermitteln. Es sind im Zähler des Bruches noch die Fremdkapitalzinsen zu erfassen, im Nenner steht das Gesamtkapital.

$$\text{Cashflow - Gesamtkapitalrendite} = \frac{11.863.900 + 946.360}{997.810} = 12{,}8\,\%$$

Die Cashflow-Gesamtkapitalrendite ist bei der MAG deutlich niedriger als die des Eigenkapitals. Dieser Tatbestand war bereits bei der Kapitalrentabilität festzustellen.

Cashflow-Umsatzrendite

Die Kennzahl Cashflow zu Umsatzerlösen ist eine weitere Messzahl für die Beurteilung der Ertrags- und Selbstfinanzierungskraft eines Unternehmens.

$$\text{Cashflow-Umsatzrendite} = \frac{\text{Cashflow}}{1\,\%\ \text{Umsatzerlöse}}$$

Die Kennziffer zeigt, wie viel Prozent der Umsatzerlöse für Investitionen, Kredittilgung und Gewinnausschüttung zur Verfügung stehen.

$$\text{Cashflow-Umsatzrendite} = \frac{11.863.900}{1.727.036{,}45} = 6{,}9\,\%$$

Die selbst erwirtschafteten Finanzierungsmittel betragen 2014 6,9 % des Umsatzes, was 6,9 € auf 100 € entspricht.

Absoluter Cashflow und Cashflow-Kennzahlen

Die Aussagekraft der absoluten Höhe des Cashflow ist beim zwischenbetrieblichen Vergleich begrenzter als beim innerbetrieblichen Vergleich. Jedes Unternehmen hat seine eigene Bilanzpolitik und bildet in unterschiedlichem Umfang „stille Reserven". Die Bildung stiller Reserven wird vom Cashflow nicht erkannt, z. B. Anschaffung geringwertiger Wirtschaftsgüter und ihre Verrechnung als Aufwand.

Kennzahlen, die auf dem Cashflow aufbauen, eignen sich für den Vergleich mit anderen Unternehmen daher besser als der absolute Cashflow.

Die verfolgte Bewertungspolitik eines Unternehmens und ihre Auswirkungen auf das Umlaufvermögen sind nicht bekannt und können von Außenstehenden auch im Cashflow nicht sichtbar gemacht werden.

Kapitalflussrechnung

Die anglo-amerikanischen Rechnungslegungen (IFRS, US-GAAP) verlangen im Jahresabschluss die Aufstellung einer Kapitalflussrechnung. Sie zeigt den Cashflow aus der laufenden Geschäftstätigkeit sowie die Cashflows aus der Investitionstätigkeit und den Finanztransaktionen auf. Der Kapitalanleger kann so zukünftige Cashflows und ihre Auswirkungen auf die Investitionsentscheidungen besser abschätzen.

Kapitalgesellschaften, die Wertpapiere an der Börse platziert haben, müssen nach dem BilMoG ihren Jahresabschluss um die Aufstellung einer Kapitalflussrechnung und eines Eigenkapitalspiegels erweitern. Diese sollen mit Bilanz, Gewinn- und Verlustrechnung und Anhang eine Einheit bilden. Während die Segmentberichterstattung im Konzernabschluss ein Pflichtbestandteil ist, besteht beim Einzelabschluss einer Kapitalgesellschaft ein Wahlrecht.

Bewertung in der Bilanz

Die Bewertung ist ein Schlüsselbegriff der Bilanzierung und bedeutet, Vermögensgegenständen Geldwerte zuzuordnen.

In diesem Kapitel lesen Sie,

- wie dabei in der Handelsbilanz vorgegangen wird (S. 70),
- welche Grundsätze in der Steuerbilanz zu beachten sind (S. 75),
- was sich durch das BilMoG ändert (S. 77)
- welche Wahlrechte es gibt (S. 79) und
- wie bei den IFRS vorgegangen wird (S. 85).

Weshalb gibt es Buchführungs- und Bilanzierungsgrundsätze?

Die Grundsätze der Ordnungsmäßigkeit der Buchführung (GoB) treten in drei Formen in Erscheinung:

- Grundsätze ordnungsmäßiger **Buchführung** (= Buchführung im engeren Sinne)
- Grundsätze ordnungsmäßiger **Inventur**
- Grundsätze ordnungsmäßiger **Bilanzierung**

Die GoB im engeren Sinne gelten für die Buchführung und die Dokumentation der Geschäftsvorfälle. Die Führung der Bücher, der Belege und ihre Aufbewahrung sind Gegenstand der GoB.

Die **Grundsätze ordnungsmäßiger Speicherbuchführung** (GoS) wurden im Hinblick auf die Überprüfbarkeit von EDV-Buchführungssystemen entwickelt. Sie sollen sicherstellen, dass auch beim Computereinsatz die Grundsätze ordnungsmäßiger Buchführung eingehalten werden. Das Belegprinzip, die Datensicherung, die Dokumentation, die Aufbewahrungsfristen und die Wiedergabe von Datenträgern sind in den GoS geregelt.

Die Aufzeichnungen auf Datenträgern müssen während der Dauer der Aufbewahrungsfrist verfügbar und jederzeit lesbar gemacht werden können. Für Inventar, Bilanzen, Gewinn- und Verlustrechnungen, Buchungsbelege, Dateienbestände sowie Arbeitsanweisungen und Organisationsunterlagen gilt eine Aufbewahrungspflicht von 10 Jahren. Handels- und Geschäftsbriefe sind 6 Jahre aufzubewahren.

Grundsätze ordnungsmäßiger Bilanzierung

Der Jahresabschluss ist nach § 243 HGB nach den Grundsätzen ordnungsmäßiger Buchführung (GoB) aufzustellen. Diese Vorschrift gilt für den Abschluss jedes Unternehmens, unabhängig von der Rechtsform. Die GoB werden in der speziellen Anwendung auf die Bilanz auch als **„Grundsätze ordnungsmäßiger Bilanzierung"** bezeichnet.

Der Grundsatz der **Vollständigkeit** verlangt, dass im Jahresabschluss alle Vermögensgegenstände, Schulden, Rechnungsabgrenzungsposten, Aufwendungen und Erträge erfasst werden.

Positionen der Aktivseite dürfen nach dem **Saldierungsverbot** nicht mit Positionen der Passivseite verrechnet werden, auch nicht Aufwands- mit Ertragspositionen.

Die **Bilanzklarheit** will einen klaren und übersichtlichen Jahresabschluss. Das einmal gewählte Gliederungsschema für die Bilanz und die Gewinn- und Verlustrechnung ist beizubehalten.

Der Grundsatz der **Bilanzwahrheit** erfordert einen vollständigen und richtigen Jahresabschluss.

Der Grundsatz der **Bilanzkontinuität** legt Wert auf die Beibehaltung der äußeren Form der Bilanz und der Gewinn- und

Verlustrechnung. Diese Forderung gilt insbesondere für Kapitalgesellschaften (§ 265 Abs. 1 HGB).

Bilanzverschleierung und Bilanzfälschung sind Bilanzdelikte. Eine Bilanzverschleierung entsteht durch unklare Angaben, wodurch der Bilanzleser falsche Schlüsse zieht, z. B. Saldierung von Forderungen und Verbindlichkeiten. Bei einer Bilanzfälschung werden vorsätzlich unwahre Angaben gemacht. Tatbestände werden im Hinblick auf eine beabsichtigte Vermögens- und Ertragslage bewusst gefälscht, z. B. Bilanzpositionen falsch bewertet, Verbindlichkeiten bewusst weggelassen.

Wie wird in der Handelsbilanz bewertet?

Die **Bewertung** ist ein Schlüsselbegriff der Bilanzierung und bedeutet, Vermögensgegenständen Geldwerte zuzuordnen. Die einzelnen Posten des Vermögens und des Kapitals sind in der Handelsbilanz in Geldwerten auszudrücken und zu bilanzieren. Die Bewertung hat Rückwirkungen auf die Höhe des Gewinns. Bewertungen sind auch in der Steuerbilanz und in der Kostenrechnung vorzunehmen.

Anschaffungswert und Tageswert

Ein Wirtschaftsgut kann grundsätzlich nach seinem „Wert" bei der „Anschaffung", seinem Anschaffungswert, bewertet werden. Das **Anschaffungswertprinzip** orientiert sich nach einem Wert in der Vergangenheit. Eine etwaige Wertminderung durch Abnützung oder Zeitablauf wird durch Abschreibungen berücksichtigt.

Wirtschaftsgüter können zum gegenwärtigen Markt- oder Wiederbeschaffungswert bewertet werden, also dem Wert am Bilanzstichtag. Das **Tageswertprinzip** ist an der substanziellen Erhaltung des Kapitals interessiert, die Geldentwertung ist zu berücksichtigen. Gewinn liegt erst vor, wenn die gestiegenen Wiederbeschaffungspreise berücksichtigt sind. Die Kostenrechnung und Kalkulation, die an genauen und aktuellen Selbstkosten interessiert sind, wollen Substanzerhaltung und sind damit an Wiederbeschaffungspreisen interessiert.

Gläubigerschutz- und Teilhaberschutzprinzip

Eine niedrige Bewertung des Vermögens dient dem Gläubigerschutz, da die Vermögenssubstanz nicht besser dargestellt wird, als sie tatsächlich ist. Eine möglichst hohe Bewertung von Verbindlichkeiten und Rückstellungen erreicht, dass das Haftungspotenzial der Gesellschaft nicht günstiger erscheint, als es in Wirklichkeit ist. Eine Höherbewertung der Schulden und eine Abwertung von Vermögensgegenständen führen zu einem niedrigeren Jahresgewinn und damit auch zu einem geringeren Eigenkapital.

Die Gläubigerschutzvorschriften berücksichtigen in gewisser Hinsicht auch die **Teilhaberschutzinteressen**.

Die Teilhaber sind aber auch an einer ordentlichen Rendite ihrer Kapitaleinlage interessiert. Sie wollen deshalb keine willkürliche Unterbewertung der Vermögenspositionen bzw. eine willkürliche Überbewertung der Verbindlichkeiten und der Risiken sehen, da dies zu einem unangemessen niedrigen Gewinnausweis führt. Durch eine Einschränkung des Bewertungsspielraumes wird den Teilhaberschutzinteressen entsprochen.

> Eine vorsichtige Bewertung liegt im Interesse der Gläubiger. Der Schutz der Gläubiger kommt im HGB vor dem Teilhaberschutz.

Bewertungsgrundsätze für Vermögen und Schulden

§ 253 HGB nennt für das Vermögen und die Schulden besondere Bewertungsgrundsätze:

- Vermögensgegenstände des **Anlagevermögens** zum Anschaffungswert oder den Herstellungskosten.
- Vermögensgegenstände des **Umlaufvermögens** zum Anschaffungswert oder den Herstellungskosten und dem Börsen- oder Marktpreis.
- **Verbindlichkeiten** sind zu ihrem Rückzahlungsbetrag anzusetzen. Auch drohende Verluste und ungewisse Verbindlichkeiten (Rückstellungen) sind auszuweisen.

Imparitätsprinzip behandelt Gewinne und Verluste unterschiedlich

Gewinne dürfen in der Handelsbilanz erst ausgewiesen werden, wenn sie bereits realisiert sind. So darf der Wertanstieg einer Aktie am Bilanzstichtag erst gezeigt werden, wenn die Aktie bereits verkauft ist.

Verluste müssen ausgewiesen werden, wenn sie am Bilanzstichtag auch noch nicht eingetreten sind. Notieren Aktien am Bilanzstichtag niedriger als am Anschaffungstag, dann müssen sie zum niedrigeren Kurs des Bilanzstichtages bilanziert werden.

Niederstwertprinzip für Aktiva

Liegen mehrere mögliche Wertansätze am Bilanzstichtag vor, dann ist der niedrigste anzusetzen. Das **strenge Niederstwertprinzip** wird in der Handelsbilanz und in der Steuerbilanz beim Umlaufvermögen angewendet. Stehen die Wertansätze Anschaffungskosten und Tageswert am Bilanzstichtag zur Auswahl, dann ist stets der niedrigere von beiden zu nehmen. Es besteht kein Wahlrecht.

Beispiel

Eine Gesellschaft hat zur vorübergehenden Geldanlage Aktien zum Kurs von 320 € für insgesamt 640.000 € gekauft. Anschaffungsnebenkosten in Höhe von 3.000 € sind angefallen.

Der Tageswert der Wertpapiere beträgt am Bilanzstichtag 800.000 €.

Der Wertpapierbestand ist am Bilanzstichtag zu den Anschaffungskosten (640.000 €) zuzüglich den Anschaffungsnebenkosten (3.000 €) zu bilanzieren.

Die Anschaffungskosten zuzüglich Anschaffungsnebenkosten dürfen somit nie überschritten werden, wodurch der Ausweis von Buchgewinnen vermieden wird.

Das **gemilderte Niederstwertprinzip** gilt beim **Anlagevermögen**. Es lässt ein Wahlrecht zu, wenn die Wertminderung nur vorübergehend ist.

Beispiel

Eine AG A hat bei einer anderen AG eine Beteiligung für 17 Mio. € erworben. Würde der Börsenkurswert am Bilanzstichtag auf 15 Mio. € sinken, dann hätte die AG ein Bewertungswahlrecht.

Die AG A könnte die Aktien zum Anschaffungswert von 17 Mio. € oder zum Tageswert von 15 Mio. € bilanzieren.

Höchstwertprinzip für Passiva

Schulden sind nach § 253 Abs. 1 HGB zu dem jeweiligen Höchstwert zu bilanzieren. Bei der Bilanzierung von Verbindlichkeiten und Rückstellungen ist der jeweils höhere Wert anzusetzen.

Beispiel

Eine Schuld über 1 Mio. US-$ ist am Bilanzstichtag zu passivieren. Bei der Aufnahme der Schuld notierte der Euro 1,0 $, am Bilanzstichtag 0,91 $.

Die Schuld muss am Bilanzstichtag zum höheren Dollarkurs, dem Tageskurs von 0,91 $, bilanziert werden. Dies entspricht einem Wert von 1.098.901 Euro
(0,91 $ – 1 €, folglich 1.000.000 $ – 1.098.901 €).

Eine Bewertung zum Anschaffungskurs von 1 Euro – 1,0 $ hätte lediglich einen Wert von 1.000.000 Euro ergeben.

Für Kapitalgesellschaften gibt es im § 264 HGB eine Generalnorm zur Bilanzierung. Der Jahresabschluss der Kapitalgesellschaft soll die wirtschaftlichen Verhältnisse des Unternehmens richtig darstellen. Er soll die Vermögenslage, die Finanzlage und die Ertragslage richtig wiedergeben. Die Bildung stiller Reserven wird dadurch eingeschränkt.

Welche Bewertungsgrundsätze gelten in der Steuerbilanz?

Das Steuerrecht will eine einheitliche Bemessungsgrundlage für die Besteuerung der Erträge, da Steuergerechtigkeit angestrebt wird. Deshalb verhindert das Steuerrecht, dass die Gewinne in der Bilanz zu niedrig ausgewiesen werden.

Maßgeblichkeit der Handelsbilanz

Das **Maßgeblichkeitsprinzip** der Handelsbilanz für die Steuerbilanz bedeutet, dass die handelsrechtlichen Bewertungsvorschriften Ausgangspunkt für die Steuerbilanz sind. Die steuerlichen Bewertungsvorschriften sind also vom Handelsrecht abgeleitet, erfahren aber teilweise eine andere „Feinabstimmung".

Anschaffungskosten

Die **Anschaffungskosten** bestehen nach § 253 HGB und § 6 EStG (Einkommensteuergesetz) aus dem Anschaffungspreis (abzüglich Nachlässe) zuzüglich der Anschaffungsnebenkosten wie Maklergebühren und Transportkosten.

Teilwert und Teilwertabschreibungen

Mindestwertansätze bei Aktiva und Höchstwertansätze bei Passiva sollen verhindern, dass Gewinne in nachfolgende Geschäftsjahre verlagert werden.

Der **Teilwert** ist ein wichtiger Bewertungsmaßstab im Steuerrecht. Der Teilwert ist nach dem Steuerrecht in § 6 EStG „der Betrag, den ein Erwerber des ganzen Betriebes im Rahmen des Gesamtkaufpreises für das einzelne Wirtschaftsgut ansetzen würde; dabei ist davon auszugehen, dass der Erwerber den Betrieb fortführt". Der Teilwert ist also der Preis eines Wirtschaftsgutes, den ein Erwerber im Rahmen des gesamten Unternehmens zahlen würde.

Die Bestimmung des Teilwertes eines Wirtschaftsgutes nach dieser Definition ist in der Praxis nicht durchführbar. Der Teilwert wird deshalb wie der beizulegende Wert in der Handelsbilanz ermittelt (z. B. bei den Anlagegütern nach den Anschaffungs- und Herstellungskosten, in späteren Jahren vermindert um die Abschreibungen).

Der steuerliche Teilwert eines Wirtschaftsgutes entspricht damit dem beizulegenden Wert im Handelsrecht. Bei einer dauernden Wertminderung eines Gutes erfolgt in der Handelsbilanz eine Abschreibung, in der Steuerbilanz eine Teilwertabschreibung (§ 6 Abs. 1 EStG). Die Teilwertabschreibung des Steuerrechts entspricht der außerplanmäßigen Abschreibung im Handelsrecht.

BilMoG macht den Jahresabschluss aussagekräftiger

Das Bilanzrechtsmodernisierungsgesetz (BilMoG) erreicht durch die Streichung von mehren Bilanzierungs- und Bewertungswahlrechten im HGB, dass der handelsrechtliche Jahresabschluss eine größere Aussagekraft besitzt. Die Bildung von Rückstellungen wird erschwert, überflüssige Bestimmungen und der Sonderposten mit Rücklageanteil entfallen. „Latente Steuern" sind eine neue Bilanzposition.

Das bewährte HGB-Bilanzrecht bleibt trotz einer Annäherung an die International Financial Reporting Standards (IFRS) die Grundlage für die Ausschüttungsbemessung und die steuerliche Gewinnermittlung. Die Mehrzahl der publizitätspflichtigen deutschen Unternehmen, die sich nicht über den Kapitalmarkt finanzieren, erhält so eine einfachere und kostengünstigere Alternative zu IFRS, die klar auf den Kapitalmarkt und die Investoren zugeschnitten sind.

Eine Saldierung von Vermögen und Schulden wie bei IFRS ist in Ausnahmefällen möglich, z. B. wenn ein Vermögensgegenstand nur der Schuldentilgung dient. Die Abschreibungs- und Zuschreibungswahlrechte für Nicht-Kapitalgesellschaften entfallen. Die verpflichtende Aktivierung des entgeltlich erworbenen Geschäfts- oder Firmenwerts verbessert die Vergleichbarkeit des handelsrechtlichen Jahresabschlusses.

Dies gilt auch für die selbst geschaffenen immateriellen Vermögensgegenstände des Anlagevermögens, wo das Verbot der Aktivierung teilweise aufgehoben wird. Zwischen Forschung und Entwicklung eines Produktes ist zu unterscheiden. Während für die Kosten der Forschung ein Aktivierungsverbot besteht, gibt es für die Kosten, die bei der Entwicklung des Produkts anfallen, eine Aktivierungspflicht. Es ist aber zutreffend, dass eine große Unsicherheit bei der Wertzumessung und damit der Aktivierung selbst geschaffener immaterieller Vermögensgegenstände besteht.

Im BilMoG wird der Grundsatz der umgekehrten Maßgeblichkeit aufgegeben, d. h. die Maßgeblichkeit der Steuerbilanz für die Handelsbilanz entfällt. Steuerliche Wahlrechte können jetzt bei der Feststellung des Betriebsvermögens unabhängig von handelsrechtlichen Bestimmungen ausgeübt werden. Mit der Änderung erfolgt eine Annäherung an internationale Rechnungslegungsstandards.

Latente Steuern sind gesondert auszuweisen, als aktive latente Steuern auf der Aktivseite bzw. als passive latente Steuern auf der Passivseite. Eine künftige Steuerbelastung ist als latente Steuerschuld zu passivieren. Dies führt auf der Passivseite der Bilanz zur Streichung des Sonderpostens mit Rücklageanteil. Dieser wird aufgelöst, indem ein Teil den Gewinnrücklagen zugeführt wird, der andere, kleinere Teil ist als latente Steuern zu passivieren.

Viele Einzelkaufleute sind durch das BilMoG von der Rechnungslegungspflicht befreit. Kleinstunternehmen mit weniger als 500.000 € Umsatz und 50.000 € Gewinn brauchen keine Bilanz und Gewinn- und Verlustrechnung erstellen. Von Nachteil ist hierbei jedoch, dass der Unternehmer durch eine

Einnahmen-Überschussrechnung weniger Informationen erhält als durch eine Bilanz mit Gewinn- und Verlustrechnung.

Durch die Anhebung der Größenkriterien für kleine, mittlere und große Kapitalgesellschaften gibt es weniger Offenlegungs- und Prüfungspflichten.

Eine Konsequenz der Finanzkrise ist, dass BilMoG die Zweckgesellschaften in die Konzernbilanz einbezieht. Für selbst geschaffene immaterielle Vermögensgegenstände des Anlagevermögens und aktive latente Steuern gibt es ein Aktivierungswahlrecht.
Die Finanzkrise hat auch Grenzen und Schwächen des IFRS gezeigt, insbesondere in der zeitnahen Bewertung von Finanztiteln. Von Nicht-Banken zu Handelszwecken erworbene Finanzinstrumente sind von BilMoG nicht zeitnah zu bewerten. Eine Fair-value-Bewertung der Finanztitel wird nur von Banken verlangt.
Der beizulegende Zeitwert (fair value) entspricht in der Regel einem Börsen- oder Marktwert. Gibt es keinen Marktpreis, dann ist der Zeitwert durch Modellrechnungen zu ermitteln. Ist keine Berechnung sinnvoll, dann werden die Anschaffungs- oder Herstellungskosten weitergeführt.

Welche Bilanzierungs- und Bewertungswahlrechte kennen Handels- und Steuerbilanz?

Bewertungswahlrecht und Bilanzpolitik

Das Handelsrecht gewährt in gewissen Situationen das **Wahlrecht**, ob eine getätigte Ausgabe als Aufwand in der Gewinn- und Verlustrechnung erfasst oder als Vermögensposten bilanziert wird. Die gezielte Ausnutzung der Bilanzierungs- und Bewertungsrechte in eine bestimmte Richtung ist Bilanzpolitik und führt zu einem geringeren oder höheren Gewinnausweis.

Bewertungswahlrechte im Handelsrecht

Weniger Wahlrechte gibt es durch das BilMoG bei der Bildung von Rückstellungen. Das Bestehen einer Verbindlichkeit gegenüber Dritten, einer Leistungsverpflichtung, ist Voraussetzung für die Bildung einer Rückstellung. Rückstellungen mit mehr als einem Jahr Laufzeit sind abzuzinsen. Das Wahlrecht zur Bildung von Aufwandsrückstellungen entfällt, da bei ihnen das Vorhandensein einer Außenverpflichtung fehlt. Die Vermögenslage wird verfälscht dargestellt, wenn Rückstellungen den Charakter von Rücklagen haben.

Anschaffungswert und Herstellungskosten

Anschaffungspreis zuzüglich Anschaffungsnebenkosten (Frachten, Provisionen, Montagekosten) vermindert um Anschaffungspreisminderungen (Rabatte, Skonti) ergeben die Anschaffungskosten.

Unfertige und fertige Erzeugnisse des Unternehmens sowie selbst erstellte Anlagen sind mit den **Herstellungskosten** zu bewerten. Herstellungskosten ist ein Begriff des Handelsrechts und stimmt folglich nicht mit dem in der Kostenrechnung nach betriebswirtschaftlichen Überlegungen ermittelten Herstellkosten überein.

Materialkosten, Fertigungskosten und Sondereinzelkosten der Fertigung sowie angemessene Teile der Material- und Fertigungsgemeinkosten bilden die Herstellungskosten.

Für bestimmte Aufwendungen besteht eine **Aktivierungspflicht**, für andere ein **Aktivierungswahlrecht** und für wieder andere ein Aktivierungsverbot (§ 255 HGB). Der Bilanzierende hat nur bei den Aktivierungswahlrechten einen Entscheidungsspielraum.

Aktivierungspflicht, wahlrecht und -verbot		
+	Fertigungsmaterial	Aktivierungspflicht
+	Materialgemeinkosten	Aktivierungspflicht
=	Materialkosten	
+	Fertigungslöhne	Aktivierungspflicht
+	Fertigungsgemeinkosten	Aktivierungspflicht
+	Sondereinzelkosten d. Fertigung	Aktivierungspflicht
=	Herstellungskosten	
+	Verwaltungsgemeinkosten	**Aktivierungswahlrecht**
+	Vertriebsgemeinkosten	Aktivierungsverbot
+	Sondereinzelkosten des Vertriebs	Aktivierungsverbot
	= Selbstkosten	

Der Bilanzierende hat ein Aktivierungswahlrecht bei den Verwaltungsgemeinkosten (z. B. Geschäftsführung, Buchhaltung, Kostenrechnung, Controlling, Rechtsabteilung, Steuerabteilung). Ferner besteht ein Wahlrecht bei den Kosten der sozialen Einrichtungen des Betriebs und für freiwillige soziale Leistungen.

Abschreibungen nach Handelsrecht

Nach Abzug der planmäßigen bzw. außerplanmäßigen Abschreibungen erhält man die **fortgeführten Anschaffungskosten**. Als Abschreibungsmethoden sind im Handelsrecht zugelassen:

- lineare Abschreibung
- degressive Abschreibungen
- arithmetisch-degressive (digitale) Abschreibung

> Das Handelsrecht gewährt ein Wahlrecht in der Abschreibungsmethode. Produkte des Unternehmens und selbst erstellte Anlagen sind nach Handelsrecht und Steuerrecht zu den Herstellungskosten zu bewerten.

Bewertungswahlrechte im Steuerrecht

Anschaffungswert und Herstellungskosten

Die **Anschaffungskosten** eines Wirtschaftsgutes im Handelsrecht (§ 255 HGB) stimmen mit dem steuerrechtlichen Begriff nach § 6 EStG überein. Die Vorsteuer wird im Steuerrecht aktiviert, wenn sie nicht abziehbar ist.

Unfertige und fertige Erzeugnisse sowie selbst erstellte Anlagen sind im Steuerrecht wie im Handelsrecht zu den **Herstellungskosten** zu bewerten. Ein Bewertungswahlrecht besteht auch im Steuerrecht nur bei **„Allgemeinen Verwaltungskosten".**

Herstellungskosten nach HGB und EStG		
	HGB	EStG
Materialeinzelkosten	Pflicht	Pflicht
Fertigungseinzelkosten	Pflicht	Pflicht
Sondereinzelkosten der Fertigung	Pflicht	Pflicht
variable Material- und Fertigungsgemeinkosten	Pflicht	Pflicht
fixe Material- und Fertigungsgemeinkosten	Pflicht	Pflicht
Verwaltungskosten	Wahl	Wahl
Sondereinzelkosten des Vertriebs	Verbot	Verbot
Vertriebsgemeinkosten	Verbot	Verbot

BilMoG verlangt angemessene Teile der Material- und der Fertigungsgemeinkosten in den Herstellungskosten zu berücksichtigen. Das bisherige Wahlrecht zwischen einem Ansatz zu Teilkosten oder Vollkosten entfällt, da ein verpflichtender Ansatz zu Vollkosten wie bei IFRS besteht. Die bisherige handelsrechtliche Wertuntergrenze wird so an die steuerliche Untergrenze angeglichen.

Die Kosten der allgemeinen Verwaltung, die Aufwendungen für soziale Einrichtungen des Betriebs und freiwillige soziale Leistungen verbleiben als Wahlrechte in der Handels- und der Steuerbilanz. Für Vertriebskosten besteht weiterhin ein Aktivierungsverbot.

Abschreibungen nach Steuerrecht

Die Höhe der Abschreibungen hat einen nachhaltigen Einfluss auf die Größe des Gewinns. Die Absetzung für Abnutzung (AfA) im Steuerrecht entspricht der planmäßigen Abschreibung im Handelsrecht. Die Steuergesetzgebung hat Richtzahlen für die Nutzungsdauer der Anlagengegenstände herausgegeben, um willkürliche Unterbewertungen über zu hohe Abschreibungen zu vermeiden, z. B. 5 Jahre für Pkw und Lkw, für Transportbänder 7 Jahre.

Die Anschaffungs- oder Herstellungskosten werden bei der linearen Abschreibung gleichmäßig auf die Nutzungsdauer verteilt. Die Abschreibung pro Jahr erhalten Sie, wenn Sie die Anschaffungs- oder Herstellungskosten durch die Nutzungsdauer dividieren. Bei einer Nutzungsdauer von 3 Jahren beträgt der lineare AfA-Satz 33,33 %, bei 5 Jahren 20 %, bei 10 Jahren 10 %.

Im Jahr 2008 wurde für Neuanschaffungen als steuerliche Abschreibung nur noch die lineare Abschreibung erlaubt. Als Teil des Konjunkturpakets zur Finanzkrise wurde die degressive Abschreibung für Neuanschaffungen in den Jahren 2009 und 2010 wieder zugelassen. Seit Januar 2011 erlaubt das Steuerrecht für alle Neuanschaffungen von beweglichen Wirtschaftsgütern wieder nur die lineare Abschreibung.

Seit 2008 gilt für geringwertige Wirtschaftsgüter (GWG) im Betriebsvermögen die folgende Regelung verbindlich:

- Geringwertige Wirtschaftsgüter bis 150 € sind im Jahr der Anschaffung als Betriebsausgaben abzuschreiben.
- Für GWG zwischen 150 und 1.000 € ist ein Sammelposten einzurichten und gleichmäßig über 5 Jahre abzuschreiben.

Bei den privaten Einkunftsarten werden die GWG anders behandelt (siehe Geringwertige Wirtschaftsgüter, S.107).

Internationale Rechnungslegung nach IFRS

Mit den International Financial Reporting Standards (IFRS) wird eine internationale Vergleichbarkeit der Jahresabschlüsse angestrebt. Die Konzernabschlüsse von börsennotierten Unternehmen werden nach IFRS erstellt, wobei es dann bei einzelnen Bilanzpositionen Abweichungen zum HGB gibt.

Jahresabschluss soll den Investor informieren

Die IFRS erfüllen durch eine stärkere Orientierung an Zeitwerte mehr als das HGB die Informationsbedürfnisse der Anleger am Kapitalmarkt. Die Ertragskraft und die Ertragsaussichten eines Unternehmens sind für diese wichtiger als Vermögensangaben.

Der Jahresabschluss nach IFRS legt besonderen Wert auf die Vergleichbarkeit des Periodenerfolgs und die Finanzlage. Die Aufstellung einer Kapitalflussrechnung wird verlangt: Cash flow aus der laufenden Geschäftstätigkeit, den Investitionen und den Finanztransaktionen. Die Auswirkungen auf Investitionsentscheidungen kann der Kapitalanleger so besser abschätzen. Angaben zu Geschäftsfeldern und Regionen sind in der Segmentberichterstattung zu machen.

Für alle Rechtsformen besteht der IFRS-Jahresabschluss aus:

- Bilanz (balance sheet)
- Gewinn- und Verlustrechnung (income statement)

- Kapitalflussrechnung (cash flow statement)
- Anhang (notes)

Vergleich der Rechnungslegung von HGB und IFRS

	HGB	IFRS
Wichtigste Adressaten	Kreditgeber Gesellschafter	Investoren
Grundsätze	Vorsichtsprinzip Gläubigerschutz	periodengerechte Erfolgsermittlung
Steuerbilanz	Maßgeblichkeit der Handelsbilanz	keine Maßgeblichkeit
Anlagegüter	Anschaffungskosten	Anschaffungs- oder Wiederbeschaffungskosten
Rückstellungen	Vorsichtsprinzip meistens überhöht	Bildung nur bei hoher Wahrscheinlichkeit
Konsolidierung von Tochtergesellschaften	Konzernabschluss beinhaltet die Muttergesellschaft und alle Tochterunternehmen (§ 290 HGB)	immer Erfassung im Konzernabschluss
Projekte mit langer Dauer	Gewinn im Jahresabschluss der Fertigstellung	Gewinn fällt zeitanteilig an mit der Fertigstellung

Einzelunternehmen, Personengesellschaften und nicht an der Börse notierte Kapitalgesellschaften erstellen ihre Abschlüsse aber nur nach deutschem Handels- und Steuerrecht.

Fair value

Als „beizulegender Zeitwert" wird fair value am besten übersetzt. IFRS und US-GAAP verwenden ihn als Oberbegriff für marktnahe Wertansätze. Unter dem fair value eines Vermögensgegenstandes (asset) oder einer Schuld (liability) versteht man den Betrag, zu dem zwei vertragswillige, sachverständige und voneinander unabhängige Parteien bereit wären, den Vermögensgegenstand zu tauschen oder die Verbindlichkeit zu begleichen.

Fair value als Börsen- oder Marktwert

Der fair value soll dem Börsen- oder Marktwert entsprechen. Gehandelte finanzielle Vermögenswerte und Verbindlichkeiten sollen auf notierten Marktpreisen oder Preisnotierungen von Händlern basieren.

Bei einer Immobilie wird der beizulegende Zeitwert unter Berücksichtigung der aktuellen Marktlage am Bilanzstichtag ermittelt. Es tritt dann an die Stelle der fortgeführten Anschaffungs- oder Herstellungskosten bei Sachanlagen eine Neubewertung zum Zeitwert vermindert um die kumulierten (amortisierten) Abschreibungen.

Bewertungsmodelle für den fair value

Der fair value wird auf der Grundlage von Bewertungsmodellen ermittelt, wenn keine Marktpreise vorliegen. Bei nicht gehandelten Finanzinstrumenten und dem größten Teil der Sachanlagen wird er so festgestellt.

Lässt sich der fair value nicht aus Marktpreisen ableiten, sondern wird nach alternativen Bewertungsmodellen bestimmt, dann besteht die Gefahr der marktfernen Bewertung. Dies trifft zu, wenn Vermögenswerte und Schulden nach künftigen Liquiditätszuflüssen und -abflüssen und deren Barwert bewertet werden. Unterschiedliche Annahmen und Daten führen bei solchen Modellen zu verschiedenen Ergebnissen. Sind große Ermessensspielräume vorhanden, dann ist auch die Gefahr der Manipulation gegeben.

Die Problematik der Bilanzierung nach fair value besteht darin, dass sie nur dann ermessensfrei ist, wenn die beizulegenden Zeitwerte Marktdaten sind, ermittelt aus funktionsfähigen Märkten. Werden Zeitwerte nicht auf der Basis von eindeutig historischen Kosten ermittelt, dann sind sie nicht objektiv zu überprüfen.

Werden in der Bilanz Positionen zum fair value ausgewiesen, dann sollte der auf einem aktiven Markt notierte Preis die Bezugsbasis sein.

Bei IFRS sind die Eigenkapitalgeber und insbesondere die potenziellen Investoren die wichtigsten Adressaten des Abschlusses. Die Rechnungslegung soll die Entwicklung der Ertragslage und ihrer Komponenten aufzeigen. Auch die Höhe des Cashflows und Aussagen über seine künftige Entwicklung interessieren den Investor. Bei den Vermögenswerten und Schulden wird von den Investoren eine möglichst zeitnahe Bewertung (fair value) erwartet.

Bilanz-ABC

Im nachstehenden Abschnitt werden in Kurzform die wichtigsten Begriffe zu folgenden Themenbereichen erklärt:

- Bilanz,
- Gewinn- und Verlustrechnung und
- Finanzierung.

Abschreibungen (depreciation)
Der Wertverlust von Gebäuden, Maschinen, Büroeinrichtungen und Fahrzeugen wird über den Zeitraum ihrer voraussichtlichen Lebensdauer verteilt. Abschreibungen sind in der Handels- und Steuerbilanz sowie in der Kostenrechnung zu erfassen. Bewegliche, abnutzbare Wirtschaftsgüter bis 150 € netto sind im Jahr der Anschaffung als Betriebsausgaben abzuschreiben. Der steuerliche Sofortabzug ist zwingend (§ 6 Abs.2 EStG). Geringwertige Wirtschaftsgüter (GWG) zwischen 150 € und 1.000 € sind in einem Sammelposten zu erfassen und gleichmäßig über die Dauer von fünf Jahren zwingend aufzulösen.

Abschreibungsverfahren (depreciation method)
Bei der linearen Abschreibung wird stets derselbe Betrag abgeschrieben. Die Anschaffungs- und Herstellungskosten werden bei der linearen Abschreibung in gleichen Beträgen auf die einzelnen Jahre der Nutzungsdauer verteilt. Der jährliche Abschreibungsbetrag ergibt sich aus dem Anschaffungs- oder Herstellungswert, dividiert durch die gewöhnliche Nutzungsdauer. Die lineare Abschreibung berücksichtigt aber nicht, dass die Wertminderung in den ersten Jahren höher ist als später.

Die geometrisch-degressive Abschreibung belastet die ersten Jahre der Nutzung stärker als die folgenden. Es wird jährlich immer der gleiche Prozentsatz vom jeweiligen Restbuchwert abgeschrieben. Die Abschreibungsbeträge fallen deshalb von Jahr zu Jahr, da der Abschreibungssatz unverändert bleibt, aber der Restbuchwert immer kleiner wird. Der Kaufmann kann in der Handelsbilanz zwischen der degressiven und der linearen Abschreibung wählen. Die Steuerbilanz erlaubt für Neuanschaffungen nur die lineare Abschreiburg.

Absetzung für Abnutzung (AfA)
Abschreibung im Steuerrecht

Agio (premium)
Agio entsteht, wenn die Aktionäre bei der Ausgabe neuer Aktien ein Aufgeld zahlen. Agio ist die Differenz zwischen dem Ausgabekurswert und dem Nennwert der Aktien.

Aktiva (assets)
Als Aktiva werden die Bilanzpositionen der linken Seite der Bilanz bezeichnet. Sie gliedern sich in Anlagevermögen, Umlaufvermögen und Rechnungsabgrenzungsposten.

Anhang (notes)
Kapitalgesellschaften müssen den Jahresabschluss um einen Anhang erweitern, der mit der Bilanz und der Gewinn- und Verlustrechnung eine Einheit bildet. Der Anhang ist damit ein Teil des Jahresabschlusses. Einzelne Positionen der Bilanz und der Gewinn- und Verlustrechnung werden im Anhang näher erläutert. Die vom Unternehmen angewandten Bilanzierungs- und Bewertungsmethoden sind im Anhang darzulegen. Nicht in der Bilanz ausgewiesene Verpflichtungen sind im Anhang anzugeben.

Anlagen im Bau (assets under construction)
Anlagen im Bau sind Gebäude, sonstige Bauten, Maschinen, Transportanlagen und andere Anlagegüter, deren Herstellung noch nicht beendet ist. Keine Rolle spielt es, ob die Herstellung durch das eigene oder ein fremdes Unternehmen erfolgt. Alle entstehenden Aufwendungen werden vorübergehend auf dem Konto „Anlagen im Bau" erfasst und aktiviert.

Anlagen im Bau werden am Bilanzstichtag in der Schlussbilanz gesondert im Sachanlagevermögen ausgewiesen. Damit wird auch deutlich, dass die Anlagen im Bau nicht der Abschreibung unterliegen. Ist die Anlage fertig gestellt, dann werden die auf das Konto „Anlagen im Bau" übertragenen Aufwendungen auf das entsprechende Anlagekonto umgebucht und aktiviert, z. B. Gebäude. Das betreffende Anlagekonto zeigt die Herstellungskosten des neuen Aggregates. Sie sind die Bemessungsgrundlage für die Abschreibung (AfA). Der Zeitpunkt der Fertigstellung ist maßgebend für den Beginn der Abschreibung.

Anlagenintensität (fixed assets to total assets ratio)
Verhältnis von Anlagevermögen zum Gesamtvermögen (Bilanzsumme) in Prozent.

Anlagevermögen (fixed assets)
Das Anlagevermögen beinhaltet die zur langfristigen Nutzung im Unternehmen bestimmten Vermögensgegenstände, z. B. Grundstücke, Gebäude, Maschinen, Anteile an anderen Unternehmen, Geschäfts- oder Firmenwert.

Anschaffungskosten (acquisition cost)
Gekaufte Anlagegüter sind zu den Anschaffungskosten zu erfassen. Anschaffungskosten sind der Kaufpreis des Anlagegutes zuzüglich Anschaffungsnebenkosten wie Fracht, Montagekosten. Es sind die Nettopreise anzusetzen, die Umsatzsteuer ist als Vorsteuer zu berücksichtigen.

Anzahlungen (advance payments)
Es handelt sich um Vorleistungen eines Vertragspartners. Man unterscheidet erhaltene Anzahlungen und geleistete Anzahlungen.

Anzahlungen auf Anlagen (advance payment on fixed assets)
Geleistete Anzahlungen auf Anlagen sind vertragsmäßige Vorausleistungen. Solche Vorschusszahlungen sind häufig bei:

- Bauvorhaben, infolge der langen Ausführungszeit
- Anlagegütern, die eine Sonder- oder Spezialanfertigung erfordern
- Anlagegütern aus dem Ausland

Geleistete Anzahlungen liegen vor, sobald der Auszahlungsbetrag nicht mehr im Vermögen des Abnehmers ist, z. B. Zahlung durch Scheck und Wechsel, Überweisung, Belastung des Bankkontos.

Anzahlungen auf Anlagen werden wie „Anlagen im Bau" gesondert geführt und in der Bilanz im Sachvermögen ausgewiesen als „Geleistete Anzahlungen auf Sachanlagen". Das

Konto „Anzahlungen auf Anlagen" wird über das Schlussbilanzkonto abgeschlossen, wenn das Anlagegut am Bilanzstichtag noch nicht im Unternehmen ist.

Geleistete Anzahlungen sind wie Forderungen zu bewerten. Der gezahlte Betrag gilt, solange mit einer planmäßigen Abwicklung des Auftrags zu rechnen ist.

Assoziierte Unternehmen (associated companies)
Bei Beteiligungen zwischen 20 und 50 % spricht man von assoziierten Unternehmen.

Aufwendungen (expenses)
Aufwendungen sind der Wert der im Unternehmen verbrauchten Güter und Dienstleistungen. Löhne und Gehälter, soziale Abgaben, Verbrauch von Rohstoffen, Zinsen und Abschreibungen sind Beispiele für Aufwendungen.

Aufwendungen, neutrale (non-operating expenses)
Sie stehen nicht mit der Erstellung der Betriebsleistung in Verbindung. Betriebsfremde, außerordentliche und periodenfremde Aufwendungen werden unterschieden.

Ausgaben (expenditures)
Abfluss von Zahlungsmitteln

Auswertung von Bilanzen (balance sheet analysis)
Die Auswertung von Bilanzen spielt eine wichtige Rolle, wenn Unternehmen beurteilt werden, insbesondere bei der Kreditgewährung, der Sanierung, dem Kauf oder der Fusion. Unter Bilanzanalyse (auch Bilanzauswertung, Bilanzzergliederung) versteht man die Beurteilung eines Unternehmens

anhand der Bilanz bzw. des Jahresabschlusses. Es werden die Bilanz, die Gewinn- und Verlustrechnung, der Anhang und eventuell auch der Lagebericht ausgewertet. Bilanzkennzahlen zeigen die Anlagenintensität, die Kapitalstruktur, die Finanzierung und die Liquidität.

Man spricht von externer Bilanzanalyse, wenn Außenstehende – also z. B. Banken, Aktionäre – ein Unternehmen aufgrund der Zahlen der Bilanz und der Gewinn- und Verlustrechnung beurteilen. Die Analyse durch Mitarbeiter des Unternehmens nennt man interne Bilanzanalyse. Dieser Personenkreis kennt die Bewertungspolitik, weiß also, ob die Vermögensverhältnisse und die Ertragslage zu günstig oder zu ungünstig dargestellt wurden.

Außerordentliches Ergebnis (extraordinary profit/loss)
Außerordentliche Aufwendungen und Erträge stehen nicht mit der betrieblichen Leistungserstellung in Verbindung. Sie sind im Gegensatz zu den gewöhnlichen Aufwendungen und Erträgen nicht regelmäßig wiederkehrend, z. B. Gewinne aus Betriebsveräußerungen, außergewöhnliche Schadensfälle.

Beizulegender Zeitwert (fair value)
Marktnahe Wertansätze werden als beizulegender Zeitwert oder fair value bezeichnet.

Berichtsjahr (financial year)
Geschäftsjahr oder Wirtschaftsjahr

Beteiligung (participation)
Beteiligungen sind Anteile an einem anderen Unternehmen, die in der Absicht gehalten werden, eine dauerhafte ge-

schäftliche Beziehung zu der betreffenden Gesellschaft herzustellen.

Betriebs- und Geschäftsausstattung (working and office equipment)

Die Betriebs- und Geschäftsausstattung ist ein Bilanzposten des Anlagevermögens. Zur Betriebsausstattung gehören z. B. Lager-, Werkstatt- und Kantineneinrichtungen, Sanitärräume. Die Geschäftsausstattung umfasst beispielsweise Büro-, Ausstellungs- und Ladeneinrichtungen, EDV-Anlagen.

Bewertung (valuation)

Vermögensgegenständen Geldwerte zuzuordnen ist Bewertung. Die einzelnen Posten des Vermögens und des Kapitals sind in der Handelsbilanz in Geldwerten auszudrücken und zu bilanzieren. Bewertungen sind auch in der Steuerbilanz und in der Kostenrechnung vorzunehmen. Unterschiedliche Betrachtungsweisen in der Bewertung führen zu anderen Wertbegriffen. Der Schutz des Gläubigers steht in den Wertbegriffen und Bewertungsvorschriften des Handelsrechts im Vordergrund. Das Prinzip des Teilhaberschutzes wird dadurch erreicht, dass willkürliche Unterbewertungen von Vermögensgegenständen bzw. Überbewertungen von Schulden nicht mehr erlaubt sind.

Bewertungsfragen spielen im Rechnungswesen eine wichtige Rolle, und zwar in verschiedenen Bereichen:

- Kostenrechnung – Kalkulation der Verkaufs- und Angebotspreise
- Erfolgsrechnung – Ermittlung des Gewinns

- Handelsbilanz – Bewertung des Vermögens und der Schulden am Bilanzstichtag
- Steuerbilanz – Bewertung zu Steuerzwecken

Der verfolgte Rechenzweck ist maßgebend für die Bewertung. So hat das gleiche Gut einen unterschiedlichen Wert, je nachdem, ob es in der Kostenrechnung, der Handelsbilanz, der Steuerbilanz oder der Liquidationsbilanz erscheint.

Die Bewertung hat große Bedeutung in der Bilanz und hat Rückwirkungen auf die Höhe des Gewinns. Ein Wirtschaftsgut kann grundsätzlich nach seinem „Wert" bei der „Anschaffung", seinem Anschaffungswert, bewertet werden. Das Anschaffungswertprinzip orientiert sich an einem Wert in der Vergangenheit. Eine etwaige Wertminderung durch Abnützung oder Zeitablauf wird durch Abschreibungen berücksichtigt. Das Anschaffungswertprinzip folgt dem Grundsatz der nominalen Geldkapitalerhaltung. Bei Inflation ist aber keine reale Kapitalerhaltung gewährleistet.

Wirtschaftsgüter können zum gegenwärtigen Markt- oder Wiederbeschaffungswert bewertet werden, also dem Wert am Bilanzstichtag. Das Tageswertprinzip ist an der substanziellen Erhaltung des Kapitals interessiert. Gewinn liegt erst dann vor, wenn die gestiegenen Wiederbeschaffungspreise in der Erfolgsrechnung berücksichtigt sind.

Bewertungsgrundsätze (accounting principles)

Im Handelsrecht und im Steuerrecht gibt es Bewertungsgrundsätze, die den Bilanzierenden informieren, mit welchen

Wertansätzen er Vermögensgegenstände und Schulden in der Bilanz ausweisen muss.

Der Jahresabschluss soll nach Handelsrecht dem Gläubiger des Unternehmens einen Einblick in die Vermögens-, Finanz- und Ertragslage ermöglichen. Eine niedrige Bewertung des Vermögens dient dem Gläubigerschutz, da die Vermögenssubstanz nicht besser dargestellt wird, als sie tatsächlich ist. Eine möglichst hohe Bewertung von Verbindlichkeiten und Rückstellungen hat zur Folge, dass das Haftungspotential der Gesellschaft nicht günstiger erscheint, als es in Wirklichkeit ist. Eine Höherbewertung der Schulden und eine Abwertung von Vermögensgegenständen führen zu einem niedrigeren Jahresgewinn und damit auch zu einem geringeren Eigenkapital. Die Gläubigerschutzvorschriften berücksichtigen in gewisser Hinsicht auch die Teilhaberschutzinteressen.

Die steuerlichen Bewertungsvorschriften sind vom Handelsrecht abgeleitet, allerdings sind Korrekturen notwendig. Das Steuerrecht will eine einheitliche Bemessungsgrundlage für die Besteuerung der Erträge. Eine zu starke Senkung der Gewinne wird durch eine Einengung der Entscheidungsspielräume in der Bewertung erreicht.

Bewertungswahlrecht (optional valuation)
Das Handelsrecht gewährt zuweilen ein Wahlrecht, ob eine getätigte Ausgabe als Aufwand in der Gewinn und Verlustrechnung erfasst oder als Vermögensposten bilanziert wird.

Bilanz (balance sheet)

Sie ist ein Teil des Jahresabschlusses. Die Bilanz ist eine Gegenüberstellung von Vermögen und Kapital zu einem bestimmten Stichtag. Auf der linken Seite der Bilanz, der Aktivseite, wird das Vermögen in seiner Zusammensetzung gezeigt. Die rechte Seite, die Passivseite, informiert über die Herkunft des Kapitals. Eigenkapital und Fremdkapital sind zu unterscheiden.

Bilanzanalyse (balance sheet analysis)

Auswertung des Jahresabschlusses und des Lageberichts

Bilanzänderungen (changes in balance sheet)

Bilanzänderung bedeutet, einen richtigen Bilanzansatz durch einen anderen zu ersetzen. Eine Bilanzänderung kann vorgenommen werden, wenn handelsrechtlich oder steuerrechtlich ein Bilanzierungs- oder Bewertungswahlrecht besteht. Bilanzänderungen wirken sich wie Bilanzberichtigungen auf die folgenden Geschäftsjahre aus. Die auf den Bestandskonten vorgetragenen Anfangsbestände sind im Rahmen der vorbereitenden Abschlussbuchungen entsprechend zu korrigieren.

Bilanzberichtigungen (retroactive balance sheet adjustment)

Bilanzberichtigungen ergeben sich bei Unternehmen häufig im Anschluss an eine Außenprüfung durch das Finanzamt. Ein Bilanzansatz ist falsch und muss deshalb durch den richtigen ersetzt werden. Der Prüfer hat beispielsweise festgestellt, dass ein bilanziertes Wirtschaftsgut falsch bewertet worden ist.

Bilanzfälschung (falsification of a balance sheet)

Bilanzfälschung ist die bewusst falsche Gestaltung des Jahresabschlusses durch Missachtung von Bilanzierungs- und Bewertungsvorschriften. Bilanzfälschung ist strafbar.

Bilanzgewinn (retained earnings)

	Jahresüberschuss
+	Gewinnvortrag
+	Entnahme aus den Rücklagen
-	Verlustvortrag
-	Einstellung in die Rücklagen
=	Bilanzgewinn

Bilanzkennzahlen (balance sheet ratios)

Die Aufbereitung und Auswertung von Bilanzen erfolgt mit Hilfe von Bilanzkennzahlen. Die verschiedenen Positionen der Bilanz werden zu Hauptpositionen zusammengefasst: Sachanlagen, Vorräte, Forderungen und flüssige Mittel auf der Aktivseite, entsprechend auf der Passivseite Eigenkapital, langfristiges und kurzfristiges Fremdkapital.

Die Hauptpositionen werden sodann in Prozent der Bilanzsumme ausgedrückt. Vermögensstruktur und Kapitalaufbau werden erkennbar, wenn die Eigenkapitalquote und der Verschuldungsgrad bekannt sind. Das Verhältnis von langfristig gebundenem Vermögen zum Eigenkapital bzw. dem langfristigen Kapital ist sodann festzustellen. Die Kennzahl „Anlagendeckung" ist zur Beurteilung der Finanzierung unerlässlich. Die flüssigen Mittel und andere Positionen des Umlaufvermögens werden in den Liquiditätsgraden in Beziehung zu den kurzfristigen Verbindlichkeiten gesetzt.

Bilanzmanipulationen (creative accounting)

Der Gesetzgeber gewährt in der Handelsbilanz und in geringerem Umfang in der Steuerbilanz Bilanzierungswahlrechte und Bewertungsspielräume. Bilanzmanipulation beginnt dann, wenn der gesetzlich zulässige Spielraum für bilanzpolitische Maßnahmen überschritten und Bilanzen manipuliert werden. Banken, Lieferanten, Kunden, Anteilseigner und das Finanzamt können durch eine kaufmännische Bilanz, die die Vermögenslage und die Finanzverhältnisse falsch darstellt, zu Fehlentscheidungen verleitet werden. Die kaufmännische Bilanz ist für Außenstehende die wichtigste Informationsquelle über ein Unternehmen.

Eine Verletzung der Buchführungs- und Bilanzierungspflicht sowie eine spätere Überschuldung oder Zahlungsunfähigkeit sind Straftatbestände. Wer aufgrund gefälschter oder unvollständiger Bilanzen, Vermögensübersichten sowie Gewinn- und Verlustrechnungen einen Kredit erlangt, erfüllt den Tatbestand des Kreditbetruges. Der Kreditbetrug ist ein Straftatbestand. Urkundenunterdrückung liegt vor, wenn der Unternehmer seine Buchführung vernichtet. Diese hat als Urkunde eine Beweisfunktion.

Der Tatbestand des Computerbetruges ist gegeben, wenn jemand vermögensrechtliche Vorteile erlangt durch die Manipulation bei der Eingabe von Daten, oder dies in der Verarbeitungsphase durch ein bestimmtes Programm erfolgt. Computerbetrug wird mit Geldstrafe oder mit einer Freiheitsstrafe bestraft.

Bilanzpolitik (balance sheet policy)
Bilanzpolitik bedeutet die gezielte Beeinflussung des Jahresabschlusses, um den Vermögens- oder Gewinnausweis schlechter oder besser darzustellen. Das Ausmaß der Bilanzierungs- und Bewertungswahlrechte bestimmt, inwieweit Bilanzpolitik betrieben werden kann.

Bilanzstichtag (balance sheet date)
Der Bilanzstichtag ist der Zeitpunkt, zu dem der Jahresabschluss erstellt wird.

BilMoG (Bilanzrechtsmodernisierungsgesetz)
Das BilMoG modernisiert das HGB und schafft so eine einfachere und billigere Alternative zu IFRS.

Buchführung (bookkeeping, accounting)
Die Buchführung ist die planmäßige Erfassung der Geschäftsvorfälle in zeitlicher Reihenfolge; sie liefert die Daten für die Bilanz und die Gewinn- und Verlustrechnung.

Buchung (booking, posting)
Die Buchung ist die Erfassung und Dokumentation eines Geschäftsvorfalles im Rahmen der Buchführung.

Cashflow
Der Cashflow (Kassenzufluss) ist eine Kennzahl zur Beurteilung der Finanz- und Ertragskraft eines Unternehmens.

Debitoren (accounts receivable)
Als Debitoren werden die Kunden des Unternehmens bezeichnet, gegenüber denen Forderungen (Außenstände) bestehen.

Disagio (debt discount)

Disagio entsteht, wenn der Ausgabebetrag eines Darlehens geringer als der Rückzahlungsbetrag ist.

E-Bilanz

Die Daten der Bilanz sowie der Gewinn- und Verlustrechnung sind elektronisch an die Finanzverwaltung zu übermitteln (§ 5 EStG). Den Umfang der zu übermittelnden Daten bestimmt das Taxonomie-Schema.

EBIT

= Earnings before Interest and Taxes

Das Ergebnis der Betriebstätigkeit vor Zinsen und Steuern entspricht weitgehend dem Betriebsergebnis nach deutschem Handelsrecht.

EBITDA

= Earnings before Interest, Taxes, Depreciation and Amortization

Das Ergebnis vor Zinsen, Steuern und Abschreibungen auf Anlagevermögen und Goodwill macht eine ähnliche Aussage wie der Cashflow, zeigt nämlich den Finanzmittelzufluss. Die absolute Kennzahl EBITDA erhalten Sie, wenn Sie zum EBIT die Abschreibungen addieren:

EBIT
+ Abschreibungen
= EBITDA

EBT

= Earnings before tax

Mit der Kennzahl EBT werden beim Unternehmensvergleich die unterschiedlichen Steuerbelastungen ausgeschaltet.

Jahresüberschuss
± Ertragsteuern
= EBT

Eigenkapital (stockholders' equity)
Eigenkapital ist das haftende Kapital eines Unternehmens und gehört den Eigentümern (Aktionäre). Es setzt sich bei der AG aus dem Grundkapital, der Kapitalrücklage, den Gewinnrücklagen und dem nicht ausgeschütteten Bilanzgewinn zusammen.

Eigenkapitalquote (equity ratio)
Verhältnis des Eigenkapitals zur Bilanzsumme.

Eigenkapitalrentabilität (return on equity)
Beziehung von Gewinn (Jahresüberschuss) zu Eigenkapital.

Eigenleistungen (self-constructed plants)
Eigenleistungen sind innerbetriebliche Leistungen des Unternehmens, die nicht für den Verkauf bestimmt sind. Aktivierungspflichtige innerbetriebliche Eigenleistungen liegen vor, sobald die Herstellkosten über 150 € (netto) liegen und ein selbstständiges Wirtschaftsgut mit einer Nutzungsdauer von über einem Jahr vorliegt. Auch werterhöhende Instandhaltungsarbeiten sind zu aktivieren. Nicht aktivierungspflichtige innerbetriebliche Eigenleistungen sind Reparaturen der eigenen Handwerker an Maschinen, am Gebäude.

Erlöse (proceeds)
Erlöse sind der Gegenwert aus Verkäufen. Sie sind die Summe der Rechnungsbeträge für die verkauften Waren und Dienstleistungen, wobei Rabatte, Skonti und Umsatzsteuer abzuziehen sind. Erlöse sind die größte Position der Erträge.

Erträge (income)
Erträge sind ein Sammelbegriff für die verschiedenen Positionen der Gewinn- und Verlustrechnung, die zu einem Vermögenszuwachs führen. Verkaufserlöse, Zinserträge und Provisionseinnahmen sind Beispiele für Erträge.

Equity-Methode (equity method)
Assoziierte Unternehmen (Beteiligungen zwischen 20 und 50 %) werden mit ihrem Beteiligungsbuchwert in der Konzernbilanz ausgewiesen.

Fair value
Das Sachanlagevermögen oder Finanzinstrumente können zeitnah bewertet werden zum fair value, dem beizulegenden Zeitwert bzw. Stichtagszeitwert.

Finanzanlagen (financial assets)
Anteile an verbundenen Unternehmen, Beteiligungen und langfristige Ausleihungen werden im Anlagevermögen unter Finanzanlagen erfasst.

Finanzierung (financing)
Finanzierung ist die Kapitalbeschaffung für betriebliche Vorhaben und die Steuerung des Einnahmen- und Ausgabenstromes im Unternehmen. Die Kapitalbeschaffung kann über die Eigenfinanzierung und die Fremdfinanzierung erfolgen. Das betriebliche Finanzwesen umfasst die Planung, die Steuerung und die Kontrolle der finanziellen Mittel:

- Kapitalbeschaffung = Finanzierung
- Kapitalverwendung = Investition
- Kapitalverwaltung = Zahlungs- und Kreditverkehr

Die Beschaffung des Kapitals erfolgt bei der Außenfinanzierung von außerhalb der Unternehmung. Innenfinanzierung bedeutet, dass das benötigte Kapital vom Unternehmen selbst erwirtschaftet wird.

Bei der Eigenfinanzierung wird das Kapital von den Eigentümern zur Verfügung gestellt, das Unternehmen erhält vom Inhaber oder den Gesellschaftern Finanzmittel. Dies kann durch die Zuführung von Mitteln von außen in Form der Kapitalerhöhung geschehen oder dadurch, dass Gewinne im Unternehmen belassen werden, also nicht an die Eigentümer ausgeschüttet werden. Bei der Fremdfinanzierung erhält das Unternehmen Kapital von Dritten, das nach der Fristigkeit in kurz-, mittel- und langfristig eingeteilt wird.

Firmenwert (goodwill)
Geschäftswert

Flüssige Mittel (liquid assets)
Kasse, Schecks und die täglich fälligen Gelder auf Bank, Postgiro- und Landeszentralbankguthaben.

Forderungen (receivables)
Forderungen sind Ansprüche gegenüber Dritten auf Geld- und Sachleistungen.

Fremdkapital (borrowed capital, debt)
Zum Fremdkapital rechnet man Lieferantenverbindlichkeiten, Bankschulden, Rückstellungen und passive Rechnungsabgrenzungsposten. Fremdkapital ist die Gesamtsumme der über die Fremdfinanzierung aufgenommenen Geldmittel. Banken, Lieferanten und Dritte stellen diese Geldmittel zur

Verfügung. Nach der Fristigkeit ist zwischen kurz-, mittel- und langfristigem Fremdkapital zu unterscheiden.

Genehmigtes Kapital (authorized capital)
Der Vorstand kann in Höhe des genehmigten Kapitals, mit Zustimmung des Aufsichtsrats, das Grundkapital durch Ausgabe neuer Aktien erhöhen.

Geringwertige Wirtschaftsgüter (low value items)
Geringwertige Wirtschaftsgüter (GWG) sind bewegliche, abnutzbare und selbständig nutzbare Gegenstände des Anlagevermögens, z. B. der Arbeitsstuhl im Arbeitszimmer. Die GWG werden bei den privaten Einkunftsarten anders als bei den Gewinneinkunftsarten behandelt. Bei den privaten Einkünften aus nicht selbstständiger Arbeit oder Vermietung und Verpachtung können wie früher Wirtschaftsgüter bis 410 € netto sofort als Werbungskosten abgezogen werden. Bei den Gewinneinkunftsarten gilt eine andere Regelung (siehe Abschreibungen).

Gesamtleistung (total proceeds)

Umsatzerlöse
\+ Bestandserhöhung
\- Bestandsminderung
\+ aktivierte Eigenleistung
= Gesamtleistung

Geschäftswert (goodwill)
Der Geschäftswert ist ein immaterielles Wirtschaftsgut und stellt den Wert der Organisation des Unternehmens, den Kundenstamm usw. dar. Nur der erworbene Geschäftswert ist stets zu bilanzieren.

Gesetzliche Rücklage (legal reserve)

Bei der AG sind 5 % des Jahresüberschusses in die gesetzliche Rücklage einzustellen, bis die gesetzliche Rücklage 10 % des Grundkapitals erreicht.

Gewinn (profit)

Positiver Saldo zwischen Erträgen und Aufwendungen

Gewinn- und Verlustrechnung (profit and loss account, income statement)

Die Gewinn- und Verlustrechnung, auch Ergebnisrechnung genannt, ist ein Teil des Jahresabschlusses. Sie zeigt die Aufwendungen und Erträge des abgelaufenen Geschäftsjahres. Der Saldo zwischen Erträgen und Aufwendungen ist der Jahresüberschuss bzw. Jahresfehlbetrag. Der Bilanzgewinn oder Bilanzverlust ergibt sich, wenn auch die Zuführungen und Auflösungen von Rücklagen sowie der Gewinnvortrag oder Verlustvortrag berücksichtigt werden.

Gewinnrücklagen (retained earnings)

Sie sind aus dem Gewinn in früheren Jahren oder des laufenden Jahres gebildet worden.

Gezeichnetes Kapital (capital subscribed)

Das gezeichnete Kapital entspricht der Summe der Nennbeträge der Anteile der Gesellschaft, bei der AG das Grundkapital, bei der GmbH das Stammkapital.

Grundkapital (capital stock)

Gezeichnetes Kapital der AG

Grundsätze ordnungsmäßiger Buchführung (GoB)
Sie sind allgemein anerkannte Regeln und Gepflogenheiten der Kaufleute bei der Führung der Handelsbücher und der Erstellung des Jahresabschlusses.

Haben (credit)
In der doppelten Buchführung rechte Seite eines Kontos

Handelsbilanz (commercial balance sheet)
Die Handelsbilanz ist der nach handelsrechtlichen Vorschriften erstellte Jahresabschluss, bestehend aus Bilanz sowie Gewinn- und Verlustrechnung. AG und GmbH müssen noch einen Anhang anfertigen.

Herstellungskosten (cost of goods manufactured)
Herstellungskosten sind die Kosten, die dem Produkt unmittelbar zugerechnet werden können. Sie sind ein Begriff des Handelsrechts und des Steuerrechts und sind nicht identisch mit den in der Industriekalkulation verwendeten „Herstellkosten". Herstellungskosten sind Wertmaßstab für die im Unternehmen hergestellten Wirtschaftsgüter des Anlage- und Umlaufvermögens. Selbst erstellte Anlagen sowie fertige und unfertige Erzeugnisse sind in der Bilanz zu den Herstellungskosten auszuweisen.

IFRS – International Financial Reporting Standards
Mit den IFRS wird eine Angleichung der internationalen Standards der Rechnungslegung angestrebt, damit die Jahresabschlüsse weltweit vergleichbar werden. Wie bei den US-GAAP hat die Informationsfunktion für den Kapitalanleger die größte Bedeutung.

Immaterielle Vermögensgegenstände des Anlagevermögens (intangible assets)
Sie sind ein Teil des Anlagevermögens und beinhalten Rechte wie Patente, Lizenzen, Gebrauchsmuster und Warenzeichen.

Imparitätsprinzip (principle of prudence)
Gewinne dürfen erst nach Abschluss der Leistungserstellung und des Gefahrenüberganges ausgewiesen werden; Verluste sind dagegen bereits beim Abschluss darzustellen (Vorsichtsprinzip).

Innenfinanzierung (internal financing)
Das Unternehmen beschafft sich bei der Innenfinanzierung die Finanzmittel aus der Betriebstätigkeit bzw. aus dem Umsatzprozess. Die Innenfinanzierung kann auf verschiedene Weise erfolgen: Einbehaltung von Gewinnen, Abschreibungsgegenwerte, Bildung von Pensionsrückstellungen, Vermögensumschichtungen.

Inventar (stock, inventory)
Bestandsverzeichnis des Vermögens und der Schulden zu einem Stichtag.

Inventur (stocktaking)
Aufnahme des Vermögens und der Schulden zu einem Stichtag.

Investitionen (investment)
Zugänge im Anlagevermögen werden als Investitionen bezeichnet.

Jahresabschluss (annual financial statements)
Kaufleute müssen zum Beginn eines Handelsgewerbes und zum Schluss eines jeden Geschäftsjahres einen Abschluss

erstellen (§ 242 HGB). Bilanz und G+V-Rechnung bilden den Jahresabschluss bei Einzelkaufleuten und Personengesellschaften. Der Jahresabschluss der AG und der GmbH umfasst zusätzlich einen Anhang. Mittlere und große Kapitalgesellschaften müssen darüber hinaus einen Lagebericht für den Geschäftsbericht anfertigen. Der Jahresabschluss von Kapitalgesellschaften und Genossenschaften ist von Abschlussprüfern zu kontrollieren. Der Jahresabschluss soll unter Beachtung der Grundsätze ordnungsmäßiger Buchführung ein den tatsächlichen Verhältnissen entsprechendes Bild der Vermögens-, Finanz- und Ertragslage vermitteln. Der Jahresabschluss dient der Rechenschaftslegung und soll bestimmte Personengruppen informieren.

Der Jahresabschluss von Kapitalgesellschaften (AG, KGaA, GmbH) umfasst zusätzlich einen Anhang, in dem einzelne Bilanzpositionen näher zu erklären sind. Der Anhang bildet mit der Bilanz sowie der Gewinn- und Verlustrechnung eine Einheit (§ 264 Abs. 1 HGB).

Jahresabschluss von Kapitalgesellschaften

Bilanz
- Vermögen nach der Liquidität
- Schulden nach der Dringlichkeit

G+V-Rechnung
- Gliederung nach Staffelform

Anhang
- Einzelne Posten von Bilanz und G+V-Rechnung erklären
- Hinweis zu Bewertungsmethoden

Das BilMoG verlangt von den kapitalmarktorientierten Kapitalgesellschaften zusätzlich einen Eigenkapitalspiegel und eine Kapitalflussrechnung, die mit Bilanz, Gewinn- und Verlustrechnung und Anhang eine Einheit bilden sollen.

Kapital (capital)
Das Kapital steht auf der Passivseite der Bilanz und gliedert sich in Eigenkapital und Fremdkapital.

Kapitalrücklage (capital surplus)
Die Kapitalrücklage entsteht, wenn bei der Ausgabe von Aktien Beträge erzielt werden, die höher als der Nennwert der Aktien sind.

Konsolidierung (consolidation)
Einzelabschlüsse von rechtlich selbstständigen Unternehmen, die aber ihre wirtschaftliche Selbstständigkeit verloren haben, werden im Konzernabschluss zusammengefasst, wobei Doppelzählungen zu vermeiden sind, z. B. Forderungen und Verbindlichkeiten.

Konto (account)
Die Geschäftsvorfälle werden in der Buchhaltung auf Konten chronologisch und systematisch aufgezeichnet. Jedes Konto hat zwei Seiten, Soll und Haben.

Konzern (group)
Der Konzern ist eine wirtschaftliche Einheit von mehreren rechtlich selbstständigen Unternehmen, die unter einer einheitlichen Leitung stehen. Der Konzernabschluss besteht aus Bilanz, Gewinn- und Verlustrechnung, Anhang, Kapitalflussrechnung, Eigenkapitalspiegel und Segmentberichterstattung.

Kreditoren (accounts payable)
Kreditoren sind Gläubiger. Das Sachkonto „Verbindlichkeiten aus Lieferungen und Leistungen" gliedert sich in die Personenkonten der einzelnen Lieferanten.

Lagebericht (management report)
Kapitalgesellschaften müssen zum Jahresabschluss einen Lagebericht anfertigen, in dem der Geschäftsverlauf und die Lage des Unternehmens erläutert werden. Der Lagebericht soll durch weitere Informationen eine bessere Gesamtbeurteilung des Unternehmens ermöglichen. Dem Leser soll ein den tatsächlichen Verhältnissen entsprechendes Bild der Gesellschaft vermittelt werden. Auf Vorgänge von besonderer Bedeutung während des Geschäftsjahres ist hinzuweisen, auf die voraussichtliche Entwicklung des Unternehmens ist einzugehen, auch über die Forschung und Entwicklung ist zu berichten.

Langfristige Finanzierung (long-term financing)
Die langfristige Finanzierung gibt an, in welchem Umfang das Anlagevermögen und die Vorräte durch Eigenkapital und langfristiges Fremdkapital finanziert sind. Der Wert sollte über 100 % liegen.

Latente Steuern (deferred taxes)
Künftige Steuerbelastungen sind als latente Steuern zu passivieren. Für aktive latente Steuern besteht ein Aktivierungswahlrecht.

Leasing
Miete von Vermögensgegenständen des Anlagevermögens, vielfach besteht später Kaufoption.

Liquidität (liquidity)
Liquidität ist die Fähigkeit eines Unternehmens, seinen Zahlungsverpflichtungen pünktlich und in voller Höhe nachkommen zu können.

MicroBilG (Kleinstunternehmen-Bilanzrechtsänderungsgesetz)
Kleinstunternehmen (Umsatz < 700 T€) erhalten Erleichterungen bei der Erstellung und insbesondere bei der Offenlegung des Jahresabschlusses.

Niederstwertprinzip (lower of cost or market principle)
Vermögensgegenstände sind zu den Anschaffungs- oder Herstellungskosten in der Bilanz auszuweisen. Wenn der Wiederbeschaffungspreis darunter liegt, dann ist dieser für das Umlaufvermögen zwingend (strenges Niederstwertprinzip). Im Anlagevermögen kann vorübergehend der höhere Anschaffungspreis beibehalten werden (gemildertes Niederstwertprinzip).

Passiva (liabilities and stockholders' equity)
Passiva sind alle Bilanzposten, die auf der Passivseite der Bilanz stehen, z. B. Eigenkapital, Rückstellungen, Verbindlichkeiten.

Privatentnahmen (private drawings)
Übertragung von Geld- und Sachmitteln aus dem Betriebsvermögen in das Privatvermögen eines Gesellschafters.

Prüfungspflicht (audit requirement)
Der Jahresabschluss und der Lagebericht von großen und mittleren Kapitalgesellschaften unterliegen der Prüfungspflicht durch Abschlussprüfer, Steuerberater und Wirtschaftsprüfer.

Rechnungsabgrenzungsposten (prepaid expenses, deferred income)

Sie grenzen Buchungsvorgänge voneinander ab, wenn Aufwendungen und Ausgaben sowie Erträge und Einnahmen in unterschiedliche Geschäftsjahre fallen. Die Rechnungsabgrenzungsposten werden wie Abschreibungen und Rückstellungen zur Ermittlung von Vermögen und Schulden am Bilanzstichtag und des periodengerechten Ergebnisses benötigt.

Die erforderliche Erfolgsabgrenzung erfolgt durch Rechnungsabgrenzungsposten, die auf der Aktiv- und der Passivseite der Bilanz auszuweisen sind.

Aktive Rechnungsabgrenzungsposten werden für Zahlungen gebildet, die vor dem Bilanzstichtag für einen Zeitraum nach dem Bilanzstichtag geleistet werden. Es besteht nach § 250 Abs. 1 HGB eine Aktivierungspflicht für Ausgaben vor dem Bilanzstichtag, die den Aufwand für eine bestimmte Zeit nach diesem Tag darstellen, z. B. Zinsen, Mieten, Honorare, Versicherungen, Kfz-Steuern.

Passive Rechnungsabgrenzungsposten werden für Einnahmen vorgenommen, die vor dem Bilanzstichtag für Leistungen der kommenden Periode empfangen wurden. Die Leistungen erfolgen also erst eine bestimmte Zeit nach dem Bilanzstichtag, die Einnahme hingegen in der alten Periode. Dieser Zeitraum kann auch mehrere Jahre umfassen. Typische Beispiele sind Vorauszahlungen von Kunden für Zinsen oder die Miete von Mietern. Das Unternehmen hat damit am Bilanzstichtag eine Leistungsverpflichtung, es liegt eine Verbindlichkeit vor.

Rentabilität (profitability)

Verhältnis von Gewinn zu Eigenkapital bzw. Umsatz.

Rücklagen (reserves, surplus)

Rücklagen sind Eigenkapital, werden aber getrennt vom Grundkapital der Aktiengesellschaft bzw. dem Stammkapital der GmbH ausgewiesen. Sie werden gebildet, um etwaige künftige Jahresverluste ausgleichen zu können.

Offene Rücklagen werden in der Bilanz gesondert unter der Position „Eigenkapital" ausgewiesen. Das „gezeichnete Kapital" wird grundsätzlich zum Nennwert ausgegeben und heißt bei der AG Grundkapital, bei der GmbH Stammkapital. Das satzungsmäßig festgelegte Eigenkapital entspricht also dem gezeichneten Kapital und hat einen fixen Charakter. Das Konto „Rücklagen" soll die Veränderungen des Eigenkapitals auffangen.

Das HGB verlangt in § 266 HGB den gesonderten Ausweis der Kapitalrücklage und der Gewinnrücklagen. Während Gewinnrücklagen aus dem Ergebnis des jeweiligen Geschäftsjahres gebildet werden, entsteht die Kapitalrücklage durch „von außen" in die Kapitalgesellschaft kommende Zahlungen. Werden Anteile von Aktien über dem Nennwert ausgegeben, dann entsteht ein Agio (= Aufgeld), das den Kapitalrücklagen zugeführt wird.

Gewinnrücklagen stammen aus dem Ergebnis des laufenden oder eines früheren Geschäftsjahres, sind also nicht ausgeschütteter Gewinn. Sie sind im Unternehmen selbst gebildetes Eigenkapital. Das Aktiengesetz verlangt, dass jährlich mindestens 5 % des Jahresüberschusses (Reingewinns) der gesetzlichen Rücklage zugeführt wird, bis die gesetzliche Rücklage und die Kapitalrücklage zusammen 10 % des Grundkapitals erreichen (§ 150 Abs. 2 AktG).

Stille Rücklagen oder stille Reserven werden in der Bilanz nicht ausgewiesen, sind aber tatsächlich existierendes Vermögen und Kapital. Dies führt dazu, dass die Summe der vorhandenen Werte im Unternehmen größer ist als die Bilanzsumme. Stille Rücklagen entstehen durch eine Unterbewertung der Aktiva oder durch eine Überbewertung der Passiva. Die Auflösung stiller Reserven erfolgt beim Verkauf der betreffenden Anlagegüter. Der Verkaufspreis des Gutes liegt über seinem Buchwert.

Rückstellungen (accruals, provisions)

Höhe und Zeitpunkt der Fälligkeit sind bei den „echten" Verbindlichkeiten aus Lieferungen und Leistungen bekannt. Bei den Rückstellungen stehen aber die genaue Höhe und der Fälligkeitstermin am Bilanzstichtag noch nicht fest. Rückstellungen sind deshalb zu schätzen. Diese Ungewissheit über Höhe und Zeitpunkt der Fälligkeit unterscheidet sie von den Verbindlichkeiten aus Lieferungen und Leistungen und den sonstigen Verbindlichkeiten im Rahmen der Rechnungsabgrenzung am Jahresende.

Die Bildung von Rückstellungen führt zu einem Aufwand in dem betreffenden Jahr. Das passive Bestandskonto „Rückstellungen" und ein Aufwandskonto sind betroffen. Der Aufwand wird der Periode zugerechnet, in der er entstanden ist. Rückstellungen dienen der periodengerechten Erfolgsermittlung.

Die vernünftige kaufmännische Beurteilung der Risiken soll für die Höhe der Rückstellungen Maßstab sein (§ 253 Abs. 1 HGB).

Während man in kleinen Unternehmen ein allgemeines Rückstellungskonto für alle anfallenden Fälle verwendet, erfolgt bei größeren Unternehmen eine genaue Bezeichnung, z. B. Rückstellungen für unterlassene Reparaturen.

Rückstellungen werden gebildet für:

- schwebende Prozesse
- Garantieverpflichtungen
- Steuernachzahlungen
- unterlassene Reparaturen
- Pensionsverpflichtungen

Sachanlagen (property, plant and equipment)
Das materielle Anlagevermögen wird als Sachanlagevermögen bezeichnet. Grundstücke, Gebäude, Betriebsvorrichtungen, Maschinen sowie Betriebs- und Geschäftsausstattung sind Sachanlagen.

Schlussbilanz (closing balance sheet)
Bilanz am Ende eines Geschäftsjahres.

Selbstfinanzierung (self-financing)
Die Selbstfinanzierung ist eine Finanzierung aus einbehaltenem Gewinn. Sie ist ein Teil der sogenannten Innenfinanzierung.

Soll (debit)
In der Buchführung linke Seite eines Kontos.

Stammkapital (capital stock)
Gezeichnetes Kapital der GmbH.

Steuerbilanz (tax balance sheet)
Die Steuerbilanz ist der nach steuerlichen Vorschriften erstellte Jahresabschluss.

Stille Reserven (hidden reserves)
Stille Reserven oder stille Rücklagen sind nicht im Jahresabschluss sichtbar. Sie entstehen durch Unterbewertung der Aktiva oder durch Überbewertung der Passiva.

Überschuldung (over-indebtedness)
Überschuldung liegt vor, wenn die Vermögensgegenstände geringer als die Schulden sind. Das Eigenkapital ist aufgebraucht bzw. negativ.

Umlaufvermögen (current assets)
Die kurz- und mittelfristigen Vermögensgegenstände eines Unternehmens werden im Umlaufvermögen erfasst. Kassenbestand, Bankguthaben, Forderungen und Vorräte werden im Umlaufvermögen bilanziert.

Umsatzerlöse (sales)
Umsatzerlöse oder Verkaufserlöse entstehen aus dem Verkauf von Produkten oder Dienstleistungen. Rabatte, Boni und Skonti sind abzuziehen.

Umsatzrendite (return on sales)
Umsatzrendite ist die Beziehung von Jahresüberschuss zu Umsatzerlösen und wird in Prozent angegeben.

Unternehmensregister

Kapitalgesellschaften müssen den Jahresabschluss und den Lagebericht veröffentlichen. Der Umfang der Veröffentlichung ist von der Größe des Unternehmens abhängig.

Die offenlegungspflichtigen Daten von Unternehmen werden im Unternehmensregister zentral elektronisch erfasst. Das Bundesministerium der Justiz ist für die Führung des Unternehmensregisters zuständig, hat aber diese Aufgabe an die Verlagsgesellschaft mbH übertragen, eine juristische Person des Privatrechts. Die Verlagsgesellschaft ist damit für die formelle Richtigkeit des Verfahrens der Offenlegung zuständig, also dafür, dass die einzureichenden Daten fristgemäß und vollständig eingereicht sind. Über die Internetseite www.unternehmensregister.de ist die Bekanntmachung öffentlich zugänglich.

US-GAAP

Nach der US-Börsenaufsicht Securities and Exchange Commission (SEC) sind Jahresabschlüsse in den USA nach den sogenannten „Generally Accepted Accounting Principles" (GAAP) zu erstellen.

Der Zielkonflikt zwischen Investorinteressen und Gläubigerschutz wird in der US-Rechnungslegung wie in den IFRS zugunsten des Investors am Kapitalmarkt entschieden. Der periodengerechte Erfolgsausweis ist das wichtigste Kriterium der Rechnungslegung.

Geschäftsvorfälle sind nach ihrer tatsächlichen wirtschaftlichen Bedeutung zu bilanzieren und darzustellen. US-GAAP und IFRS verlangen in der Segmentberichterstattung detaillierte Angaben nach Geschäftsfeldern und Regionen. In der Kapitalflussrechnung sind die Zahlungsströme nach Cashflows aus laufender Geschäftstätigkeit sowie Investitions- und Finanzierungstätigkeit anzugeben.

Rückstellungen dürfen nur für Verpflichtungen gegenüber Dritten gebildet werden. Sie müssen zudem wahrscheinlich und vernünftig sein. Die Bilanzposition „latente Steuern" hat eine größere Bedeutung, da es in den USA eine deutliche Trennung zwischen Handels- und Steuerbilanz gibt.

Die Rechnungslegung nach IFRS ist für europäische Unternehmen einfacher und weniger zeitaufwendig als es eine Rechnungsauslegung nach den US-Normen wäre. Großunternehmen erstellen deshalb den Einzelabschluss im Sinne der jeweiligen nationalen Rechnungslegung und den Konzernabschluss nach IFRS.

Verbindlichkeiten (liabilities)
Verbindlichkeiten sind zum Stichtag bestehende Schulden des Unternehmens.

Verbundene Unternehmen (affiliated companies)
Verbundene Unternehmen sind Gesellschaften, die in den Konzernabschluss der Muttergesellschaft einbezogen und voll konsolidiert werden. Die Muttergesellschaft hält eine Beteiligung von über 50 % an diesen Unternehmen.

Verlust (loss)
Negativer Saldo aus Erträgen minus Aufwendungen

Vermögensgegenstand (asset)
Wirtschaftsgut, das einzeln veräußert werden kann

Vorräte (stocks, inventories)
Vorräte sind ein Teil des Umlaufvermögens und gliedern sich in Roh-, Hilfs- und Betriebsstoffe; unfertige Erzeugnisse; fertige Erzeugnisse; Handelswaren.

Wertschöpfung (value added)
Sie ist der durch die Unternehmenstätigkeit entstandene Wertzuwachs. Der Wertzuwachs errechnet sich aus den Umsatzerlösen abzüglich der Vorleistungen der Lieferanten für bezogene Waren. Die Wertschöpfungsrechnung informiert, in welchem Umfang die Mitarbeiter, die Kapitalgeber, die öffentliche Hand und die Eigentümer daran teilhaben.

Working capital
Das Working capital entspricht dem Nettoumlaufvermögen, der Differenz von Umlaufvermögen und kurzfristigen Verbindlichkeiten.

Zahllast (tax payable)
Umsatzsteuerschuld minus abzugsfähige Vorsteuer

Zwischenberichte (interim financial reports)
Sie erscheinen halb- oder vierteljährlich und sollen in Kurzform die Aktionäre informieren.

Anhang

Beispiel: Bilanz nach Handelsrecht

Maschinenbau AG, Stuttgart

Bilanz zum 31.12.2014

(in 1000 €)

Aktiva		**Passiva**	
Anlagevermögen		Eigenkapital	
Immaterielle Vermögensgegenstände	44	Grundkapital	25.000
Sachanlagen		Kapitalrücklage	5.000
– Grundstücke und Bauten	23.041	Gewinnrücklagen	18.930
– Technische Anlagen und Maschinen	26.297	Bilanzgewinn	3.327
– Betriebs- und Geschäftsausstattung	2.807	(Summe Eigenkapital)	52.257
– Anzahlungen und Anlagen im Bau	4.784	Rückstellungen	
Finanzanlagen	6.714	Rückstellungen für Pensionen	14.500
(Summe Anlagevermögen)	63.687	Sonst. Rückstellungen	5.459
Umlaufvermögen		(Summe Rückstellungen)	19.959
Vorräte	12.357	Verbindlichkeiten	
Forderungen und anderes Vermögen	14.759	Verbindlichkeiten gegenüber Banken	14.894
Wertpapiere	5.245	Übrige Verbindlichkeiten	12.548
flüssige Mittel	3.512	(Summe Verbindlichkeiten)	27.442
(Summe Umlaufvermögen)	35.873		
Rechnungsabgrenzung	221	Rechnungsabgrenzung	123
	99.781		99.781

Beispiel: Gewinn- und Verlustrechnung

Gewinn- und Verlustrechnung Maschinenbau AG (MAG) 2014	
	€
Umsatzerlöse	**172.703.645**
Erhöhung des Bestands an fertigen	
und unfertigen Erzeugnissen	462.804
Andere aktivierte Eigenleistungen	689.401
Sonstige betriebliche Erträge	956.093
	174.811.943
Materialaufwand:	
Aufwendungen für Roh-, Hilfs- und Betriebsstoffe	
und für bezogene Waren	- 62.945.918
Aufwendungen für bezogene Leistungen	- 12.132.539
Personalaufwand:	
Löhne und Gehälter	- 54.346.890
Soziale Abgaben und Aufwendungen für	
Altersversorgung und für Unterstützung	- 11.125.092
Abschreibungen auf immaterielle Vermögensgegenstände	
und Sachanlagen	- 7.286.900
Sonstige betriebliche Aufwendungen	- 19.345.958
Erträge aus Beteiligungen	412.945
Erträge aus anderen Wertpapieren und	

Ausleihungen des Finanzanlagevermögens	210.943
Sonstige Zinsen und ähnliche Erträge	112.319
Zinsen und ähnliche Aufwendungen	– 946.360
Ergebnis der gewöhnlichen Geschäftstätigkeit	**7.418.493**
Steuern vom Einkommen und Ertrag	– 2.896.780
Sonstige Steuern	– 394.713
Jahresüberschuss/Jahresfehlbetrag	**4.127.000**
Einstellung in Rücklagen	– 800.000
Bilanzgewinn	**3.327.000**

Teil 2:
Training Bilanzen

Das ist Ihr Nutzen

Ob Sie sich in der Buchhaltung bereits etwas auskennen, ob Sie Grundkenntnisse in der Bilanzierung haben oder gerade Ihren Wiedereinstieg in diesen Aufgabenbereich vorbereiten: Anhand der wichtigsten Bilanzpositionen führt Sie dieses Training durch die Welt der Bilanzerstellung.

Die anschaulichen Übungen aus der Praxis helfen Ihnen dabei, schnell die ersten Hürden und Hemmschwellen des (Wieder-)Einstiegs zu überwinden und Sicherheit in wesentlichen und gängigen Bilanzierungsfragen zu gewinnen. Sie lernen, das Zahlenwerk von Bilanz und Gewinn- und Verlustrechnung ordnungsgemäß vorzubereiten und zu erstellen.

Das Training ist – geordnet nach Themenschwerpunkten – logisch und übersichtlich aufgebaut. Es behandelt das Handelsrecht einschließlich BilMoG sowie Fragen zu Abweichungen der Handels- von der Steuerbilanz. Dies wird Ihnen helfen, die Zusammenhänge in der Bilanzerstellung zu verstehen.

Auch wenn Ihnen nur wenig Zeit zur Verfügung steht, können Sie das Training regelmäßig nutzen, da die Übungen in kurzer Zeit zu bewältigen sind.

Ich wünsche Ihnen viel Spaß und Erfolg.

Kai Uwe Paa

Die Bilanzarbeiten beginnen

In diesem Kapitel lernen Sie,

- den Bilanzierungspflichtigen zu ermitteln (S. 131),
- zwischen Handels- und Steuerbilanz zu unterscheiden (S. 133),
- den notwendigen Bilanzierungsumfang zu prüfen (S. 135),
- grundsätzliche Voraussetzungen zu klären (S. 139)

Darum geht es in der Praxis

Die wichtigsten Einstiegsfragen, die im folgenden Kapitel geklärt werden, lauten: Wie beginne ich am besten mit den Bilanzierungsarbeiten? Welche Unterlagen brauche ich dazu? Muss ich überhaupt eine Bilanz aufstellen? Welches Vermögen und welche Schulden gehören in die Bilanz? Muss ich für das Finanzamt eine besondere Bilanz aufstellen? Muss ich dann alles doppelt buchen?

Die Bilanzierungspflicht wird in erster Linie im Handelsrecht geregelt. Danach müssen alle Kaufleute zu Beginn und am Schluss eines jeden Geschäftsjahres eine Bilanz aufstellen. Kaufleute sind alle, die ein Handelsgewerbe betreiben oder aufgrund des Umfangs ihrer Tätigkeit einen in kaufmännischer Weise eingerichteten Geschäftsbetrieb brauchen.

Andere Unternehmen sind schon allein aufgrund ihrer Rechts- bzw. Gesellschaftsform bilanzierungspflichtig. Weitergehende Bilanzierungspflichten sieht das Steuerrecht vor. Auch diejenigen, die nicht Kaufleute sind, müssen ab einer gewissen Größe bilanzieren.

Wenn geklärt ist, wer bilanzierungspflichtig ist, müssen Sie bestimmen, welche Vermögensgegenstände und Schulden, welche Aufwendungen und Erträge in der Bilanz verarbeitet werden. Dabei kann die Steuerbilanz in einigen Punkten von der Handelsbilanz abweichen.

Die folgenden Übungen verdeutlichen, wer bilanzierungspflichtig ist und in welchem Umfang bilanziert werden muss.

Den Bilanzierungspflichtigen ermitteln

Muss eine Bilanz erstellt werden?

Übung 1
5 min

Muss in folgenden Fällen eine Bilanz erstellt werden?

1 Ein freiberuflich tätiger Architekt beschäftigt 10 Architekten und 15 technische Zeichner. Der Jahresumsatz beläuft sich auf ca. 2,5 Mio. €.

2 Ein Kioskbesitzer hat einen Jahresumsatz von 120.000 € und einen Jahresgewinn von 20.000 €.

3 Ein anderer Kioskbesitzer hat einen Jahresumsatz von 80.000 € und einen Jahresgewinn von 9.000 €. Sein Kiosk ist im Handelsregister eingetragen.

4 Ein Schreiner beschäftigt 50 Mitarbeiter. Das Anlagevermögen hat einen Wert von 500.000 €, der Jahresumsatz beläuft sich auf 3,5 Mio. €.

5 Eine GmbH hat ihr aktives Geschäft verkauft. Sie legt den Veräußerungserlös verzinslich an.

Lösungstipps

Vgl. §§ 238, 241a, 242 Abs. 4 HGB, dann § 141 AO.

Lösung

1 Freiberufler müssen keine Bilanz erstellen, und zwar unabhängig von Gewinn oder Verlust.

2 Der Kioskbesitzer ist Einzelkaufmann. Weder übersteigt der Umsatz 500.000 € noch der Gewinn 50.000 €. Eine Bilanzierungspflicht nach Handels- oder Steuerrecht besteht nicht.

3 Die Eintragung ins Handelsregister hatte vor 2010 die Bilanzierungspflicht zur Folge. Ab 2010 ist er von der Bilanzierungspflicht nach HGB befreit, wenn zwei Geschäftsjahre hintereinander **oder** im Jahr der Gründung sein Umsatz nicht über 500.000 € und sein Gewinn nicht über 50.000 € liegt. Die steuerliche Pflicht besteht schon ab dem ersten Jahr des Überschreitens der Größenmerkmale

4 Der Schreiner übt ein Handwerk aus und ist zunächst kein Kaufmann. Sein Handwerk erfordert aufgrund seiner Größe einen nach kaufmännischen Gesichtspunkten eingerichteten Gewerbebetrieb. Er wird dadurch Kaufmann und bilanzierungspflichtig.

5 Eine GmbH ist wie jede Kapitalgesellschaft immer bilanzierungspflichtig. Sie ist Kaufmann kraft Rechtsform.

Praxistipps

Bei den Handwerkskammern liegen Richtlinien vor, ab welcher Größenordnung (Umsatz und Beschäftigtenzahl) eine Eintragung in das Handelsregister vorzunehmen ist.

Handels- oder Steuerbilanz?

Übung 2

5 min

1 Eine GmbH & Co. KG produziert und verkauft Textilien. Das Betriebsgrundstück wird von einem Gesellschafter gemietet. Wer muss bilanzieren?

2 Wie 1, aber das Betriebsgrundstück wird von einer GmbH gemietet. Wer muss bilanzieren?

3 Der Gesellschafter einer GmbH vermietet an diese den überwiegenden Teil des Maschinenparks. Wer muss wie bilanzieren?

4 Ein Land- und Forstwirt erwirtschaftet einen Gewinn von 51.000 € im Jahr. Ein nach kaufmännischen Gesichtspunkten eingerichteter Geschäftsbetrieb ist nicht erforderlich. Muss er bilanzieren?

5 Wer buchführungspflichtig ist, muss Jahresabschlüsse erstellen. Stimmt die Aussage?

6 Wer Kaufmann ist, muss Bücher führen. Ist das richtig?

7 Wer nicht Kaufmann ist, muss keine Bücher führen. Richtig oder falsch?

Lösungstipps

Wenn Sie die Kaufmannseigenschaft prüfen wollen, sehen Sie in den §§ 1 ff. HGB nach.

Lösung

1 Die GmbH & Co. KG ist nach Handelsrecht kraft Rechtsform zur Erstellung von Jahresabschlüssen verpflichtet. Das Betriebsgrundstück ist steuerliches Sonderbetriebsvermögen der GmbH & Co. KG. Die Gesellschaft (nicht der Gesellschafter) muss Sonderbetriebsvermögen bilanzieren.

2 Die GmbH & Co. KG und die GmbH müssen als Formkaufleute jeweils einen eigenen Jahresabschluss erstellen. Die GmbH bilanziert das Grundstück.

3 Die GmbH muss als Kaufmann bilanzieren. Der Gesellschafter als Vermieter ist nicht Kaufmann. Er ist nicht buchführungspflichtig und muss keinen Jahresabschluss erstellen.

4 Land- und Forstwirte sind keine Kaufleute. Der Gewinn des Landwirts übersteigt allerdings 50.000 €. Daher muss er aufgrund steuerlicher Vorschriften Bücher erstellen und bilanzieren.

5 Nein (Kleinunternehmerwahlrecht: §§ 241a HGB)

6 Nein (ab 2009, vgl. §§ 241a HGB, 141 AO)

7 Nein, Land- und Forstwirte können nach § 141 AO bilanzierungspflichtig werden.

Praxistipps

Füllen Sie mit Ihrem Steuerberater den „Gründungsbogen" für das Finanzamt aus und besprechen Sie die Bilanzierungspflicht, wenn Sie einen Geschäftsbetrieb aufnehmen. Weitere Hinweise und Übungen zur Buchführungs- und Bilanzierungspflicht finden Sie im TaschenGuide Buchführung.

Den Bilanzierungsumfang und die Jahresbuchhaltung prüfen

Was muss die Bilanz enthalten?

Übung 3
8 min

Welche der folgenden Positionen müssen in der Handels- oder Steuerbilanz berücksichtigt werden?

1 Sie erstellen die Bilanz einer Handels-KG. Die KG kauft einen PKW, der höchstens zu 5 % betrieblich genutzt wird.

2 Wie 1, nur erstellen Sie die Bilanz eines nach § 141 AO bilanzierenden Kleingewerbetreibenden.

3 Wie 2, allerdings wird der PKW zu 35 % betrieblich genutzt.

4 Wie 2, der PKW wird jedoch zu 60 % betrieblich genutzt.

5 Im Vermögen einer GmbH befindet sich ein Grundstück, das die Gesellschafter ausschließlich privat und unentgeltlich nutzen.

6 Wie 5, nur handelt es sich um eine GmbH & Co. KG.

7 Eine Bau-GmbH baut auf dem Grundstück ihres Gesellschafters ein Gebäude.

8 Wie 7, die Bau-GmbH ist jedoch am Veräußerungserlös des Grundstücks beteiligt.

9 Forderungen eines Kioskbesitzers wurden zur Sicherheit an die Bank abgetreten.

Lösungstipps

Lesen Sie § 246 HGB.

Lösung

1 Die Handels-KG ist zivilrechtlicher Eigentümer. Sie kann über das Fahrzeug verfügen, ist also auch wirtschaftlicher Eigentümer und muss in der Handelsbilanz den PKW erfassen. Da die betriebliche Nutzung unter 10 % liegt, darf der PKW in der Steuerbilanz bei Personengesellschaften nicht angesetzt werden.

2 Der Kleingewerbetreibende erstellt keine Handelsbilanz. Der PKW ist nicht bilanzierungsfähig.

3 Der Kleingewerbetreibende hat in der Steuerbilanz ein Wahlrecht, ob er den PKW aktiviert. Die betriebliche Nutzung liegt nicht unter 10 %.

4 Der PKW wird als notwendiges Betriebsvermögen (Nutzung über 50 %) in der Steuerbilanz ausgewiesen.

5 Die GmbH muss das Grundstück in der Handels- und Steuerbilanz zeigen.

6 In der Handelsbilanz wird das Grundstück ausgewiesen, in der Steuerbilanz dagegen nicht.

7 Das Grundstück geht in das Vermögen des Gesellschafters über. Die GmbH kann einen gesetzlichen Aufwendungsersatzanspruch bilanzieren.

8 Die GmbH bilanziert das Gebäude als wirtschaftlicher Eigentümer.

9 Der Kioskbesitzer weist die Forderungen in seiner Bilanz aus.

Die Abschlussarbeiten beginnen

Übung 4
8 min

1 Was müssen Sie bei Beginn der Abschlussarbeiten als Erstes tun?

2 Was prüfen Sie formell bei der Anlagenbuchhaltung?

3 Worauf müssen Sie bei der Offene-Posten-Buchhaltung bei den Kreditoren und Debitoren achten?

4 Wie gehen Sie an die Prüfung der Personalaufwendungen heran?

5 Wozu brauchen Sie die Buchhaltung für die Zeit nach dem Bilanzstichtag?

Lösungstipps

Denken Sie daran, dass neben der Hauptbuchhaltung auch Nebenbuchhaltungen vorhanden sein können, deren Ergebnisse mit identischen Werten in die Hauptbuchhaltung übernommen werden müssen.

Lösung

1 Als Erstes prüfen Sie, ob die Schlussbilanzwerte des letzten Jahres mit den Eröffnungsbilanzwerten übereinstimmen. Am besten fangen Sie mit dem Gewinn an und gehen dann die Sachkonten durch.

2 Die Konten laut Anlagebuchhaltung müssen mit der Finanzbuchhaltung übereinstimmen. Das Gleiche gilt für die Abschreibungen.

3 Die Summe der Debitoren und Kreditoren muss mit den Sachkonten Forderungen/Verbindlichkeiten in der Summensaldenliste übereinstimmen.

4 Sie lassen sich das Jahreslohnjournal geben und prüfen, ob sich die Löhne, Gehälter und sozialen Aufwendungen in den Konten der Gewinn- und Verlustrechnung wiederfinden.

5 Sie prüfen die Finanzbuchhaltungskonten und Belege auf Vorgänge, die das abgelaufene Geschäftsjahr betreffen.

Praxistipps

Sprechen Sie mit der Finanzbuchhaltung darüber, ob die Abstimmungsarbeiten schon im Vorfeld erledigt wurden. Sie können dann selbst entscheiden, wie tief Sie in die Vorarbeiten einsteigen müssen.

Lernen Sie die Organisation und das Belegwesen der Finanzbuchhaltung kennen. Sie stellen so fest, ob die Buchhaltungsunterlagen vollständig sind oder ob Belege noch nicht an die Buchhaltung weitergeleitet wurden.

Allgemeine Bewertungsgrundsätze anwenden

Grundsätzliche Überlegungen zur Bewertung anstellen

Übung 5
10 min

1 Sie erstellen die Bilanz der Marode-KG und erfahren, dass aufgrund von Schadensfällen Regressverpflichtungen entstanden sind, die die Marode-KG nicht bezahlen kann. Der Buchwert des Maschinenparks beträgt 130.000 €. Im Rahmen eines Unternehmensverkaufs könnten 190.000 € für den Maschinenpark erzielt werden. Ein sofortiger Abverkauf bringt 80.000 € ein. Welchen Wertansatz wählen Sie?

2 Was ist Festbewertung?

3 Was ist Gruppenbewertung?

4 Tragen Sie in die nachfolgende Tabelle ein, für welche Positionen Ausnahmen vom Grundsatz der Einzelbewertung möglich sind.

	Festbewertung	Gruppenbewertung
Anlagevermögen		
Umlaufvermögen		
Rückstellungen		
Verbindlichkeiten		

Lösung

1 Der Wertansatz des Anlagevermögens ist 80.000 €. Bei der Bewertung ist nicht mehr von der Fortführung der Unternehmenstätigkeit auszugehen. Deshalb kommen Liquidationswerte zum Ansatz.

2 Bei der Festbewertung wird eine gleichbleibende Menge und ein gleichbleibender Wert für einen Bestand angesetzt. Voraussetzung ist, dass der Bestand in Größe, Wert und Zusammensetzung nur geringen Veränderungen unterliegt und regelmäßig ersetzt wird. Alle 3 Jahre ist eine körperliche Bestandsaufnahme durchzuführen.

3 Bei der Gruppenbewertung werden gleichartige oder annähernd gleichwertige Positionen zusammengefasst und mit einem Durchschnittspreis bewertet. Es kann auch ein Verbrauchsfolgeverfahren unterstellt werden (z. B. dass die zuerst eingehenden Bestände auch zuerst verbraucht werden).

4 Für folgende Positionen sind Ausnahmen vom Grundsatz der Einzelbewertung möglich:

	Festbewertung	**Gruppenbewertung**
Anlagevermögen	x	x (soweit beweglich)
Umlaufvermögen	x	x
Rückstellungen		x
Verbindlichkeiten		x

Weitere Bewertungsgrundsätze beachten

Übung 6

10 min

1 Sie kaufen im alten Geschäftsjahr Ware für 15.000 € ein. Sie schließen im alten Geschäftsjahr einen Kaufvertrag mit einem Kunden über 25.000 € ab. Der Kaufvertrag sieht die Lieferung der Ware im neuen Geschäftsjahr vor. Kreuzen Sie den Bilanzansatz an und beachten Sie das Vorsichtsprinzip:

	Wert	
Waren	15.000	
Waren	25.000	
Forderungen	25.000	

2 Sie handeln mit Stahl und haben einen Rahmenliefervertrag mit einem Kunden über ein Kontingent von 1.000 € monatlich. Der Einkaufspreis für ein Monatskontingent betrug 600 €. Auf Lager haben Sie zum Bilanzstichtag 4 Monatskontingente und müssen noch 9 Monate lang liefern. Sie stellen fest, dass sich die Einkaufspreise bereits im alten Jahr verdreifacht haben. Was tun Sie?

3 Bei der Durchsicht der Buchhaltung des Folgejahrs stellen Sie fest, dass im April 2.400 € EDV-Wartungskosten für die Zeit von November bis April gezahlt wurden. Was ist zu veranlassen?

Lösungstipps

Allgemeine Bewertungsgrundsätze finden Sie in § 252 HGB.

Lösung

1 Nicht realisierte Gewinne dürfen nicht ausgewiesen werden. Die Lieferung der Ware war zum Bilanzstichtag nicht erfolgt. Deshalb liegt keine Forderung vor. Obergrenze der Bewertung sind dann die Anschaffungskosten.

	Wert	
Waren	15.000	x
Waren	25.000	
Forderungen	25.000	

2 Die ersten 4 Monate kann der Lagerbestand mit Gewinn verkauft werden (400 € pro Monatskontingent). Dieser ist zum Bilanzstichtag nicht realisiert und darf nicht ausgewiesen werden. Die Risiken aus den gestiegenen Einstandspreisen müssen berücksichtigt werden. Diese sind mit 4.000 € für 5 Monate zzgl. der nach dem Bilanzstichtag anfallenden Kosten anzusetzen. Eine Saldierung mit dem Gewinn ist nicht möglich.

3 Für das abgelaufene Geschäftsjahr ist eine sonstige Verbindlichkeit nach dem Grundsatz der Periodenabgrenzung zu bilden.

	EDV-Wartungskosten	**Wert**
Sonstige Verbindlichkeit	November – Dezember	800
	Januar – April / Folgejahr	1.600
	Gesamt	2.400

Das Anlagevermögen bilanzieren

In diesem Kapitel lernen Sie,

- bilanzierungsfähige Positionen zu erkennen (S. 145),
- Aufwendungen als Anschaffungskosten zu aktivieren (S. 147),
- die wichtigsten Bewertungsansätze und Abschreibungsmethoden anzuwenden (S. 149).

Darum geht es in der Praxis

Nicht alle Vermögenswerte führen in einer Bilanz zu aktivierungsfähigen Vermögensgegenständen. Andererseits können auch Aufwendungen aktiviert werden, die keine Vermögenswerte an sich sind.

Haben Sie festgestellt, was aktiviert werden kann, müssen Sie die Anschaffungs- und Herstellungskosten bestimmen. Wie Sie diese einschließlich der Minderungen und zusätzlichen Anschaffungsnebenkosten ermitteln, zeigt Ihnen das folgende Kapitel.

Das Anlagevermögen ist überwiegend von abnutzbaren Gegenständen geprägt. Die Wertminderung des Anlagevermögens durch Abnutzung, Verschleiß oder andere Einflüsse wird Ihnen ebenso erläutert, wie das Thema der steuerlichen Sonderabschreibungen und stillen Reserven.

Die Bewertung spielt eine große bilanzpolitische Rolle. Im Rahmen der bestehenden Vorschriften kann aufgrund verschiedener Bewertungsspielräume die externe Rechnungslegung des Unternehmens zweckorientiert beeinflusst werden. Denken Sie dabei nicht nur an steuerliche Aspekte, sondern z. B. auch an das Bankenrating.

Anhand der folgenden Übungen lernen Sie, welche Bewertungsspielräume Sie bei der Bilanzierung haben.

Bilanzierungshilfen, immaterielle Vermögensgegenstände aktivieren

Was können Sie aktivieren?

Übung 7

10 min

Tragen Sie die aktivierbaren Beträge in die Spalten ein:

	Aufwendungen	Bilanzierungshilfe	Imm. Vermög.-gegenst.	Umlaufvermögen
Markterhebungsstudie	25.000			
Werbeaufwand	12.000			
Personalsuche und -anzeigen	3.000			
Schulungen Mitarbeiter	15.000			
Personalkosten des neuen Geschäftsbereichs	60.000			
Programmierkosten Dritter für an Kunden lizenzierte Programme	20.000			
Programmierkosten Dritter für an Kunden verkaufte Programme	23.000			
Eigenentwicklung eines Programms, zum Weiterverkauf bestimmt	50.000			
Kauf von EDV-Tools (in eigene Programme integriert)	10.000			
Kauf Grafikprogramm, für das separate Lizenzen vergeben werden	25.000			
Beratungsaufwand Logistik	19.000			
Beratungsaufwand Betriebsorganisation	12.000			
	274.000			

Lösung

	Aufwendungen	Bilanzierungshilfe	Imm. Vermög.-gegenst.	Umlaufvermögen
Markterhebungsstudie	25.000	bis 2009		
Werbeaufwand	12.000	bis 2009		
Personalsuche und -anzeigen	3.000	bis 2009		
Schulungen Mitarbeiter	15.000	bis 2009		
Personalkosten des neuen Geschäftsbereichs	60.000	bis 2009		
Programmierkosten Dritter für an Kunden lizenzierte Programme	20.000	bis 2009	ab 2010	
Programmierkosten Dritter für an Kunden verkaufte Programme	23.000	bis 2009		
Eigenentwicklung eines Programms, zum Weiterverkauf bestimmt	50.000			unverändert
Kauf von EDV-Tools (in eigene Programme integriert)	10.000	bis 2009	ab 2010	
Kauf Grafikprogramm, für das separate Lizenzen vergeben werden	25.000		25.000	
Beratungsaufwand Logistik	19.000	bis 2009	ab 2010	
Beratungsaufwand Betriebsorganisation	12.000	bis 2009		
	274.000	**199.000**	**25.000**	**50.000**

Praxistipps

§269 HGB (Bilanzierungshilfe) wurde ebenso wie das Aktivierungsverbot für eine große Anzahl selbst geschaffener immaterieller Anlagegüter ab 2010 ersatzlos gestrichen. Beachten Sie die Ausschüttungssperre nach § 268 Abs. 8 HGB ab 2010.

Abschreibungen ermitteln

Übung 8

10 min

1 Sie haben am 01.01.2015 ein Unternehmen gekauft. Der Firmenwert beträgt 150.000 €. Sie gehen davon aus, dass sich der Firmenwert innerhalb von 10 Jahren verbraucht. Tragen Sie die linearen Abschreibungsmöglichkeiten ein:

	HGB ab 2010	StB
Anschaffungskosten	150.000	150.000
Abschreibungen 15		
Buchwert 15		
Abschreibungen 16		
Buchwert 16		
	§§ 246 I S. 4, 253 III S. 2 und 3	§ 7 Abs. 1 S. 3 EStG

2 Ist bei immateriellen Vermögensgegenständen auch eine degressive Abschreibung möglich?

3 Sie geben einem Zulieferer im Mai 2015 einen Werkzeugkostenzuschuss zur Herstellung der von Ihnen bezogenen Produkte von 24.000 €. Die Nutzungsdauer des Werkzeugs ist 2 Jahre. Dafür erhalten Sie einen Preisnachlass von 2 € pro Mengeneinheit für 2 Jahre. Monatlich werden 1.000 Mengeneinheiten geliefert. Wie bilden Sie diesen Vorgang im Jahresabschluss ab, wenn die Steuerbilanz nicht von der Handelsbilanz abweichen soll?

4 Sie erwerben ein EDV-Programm mit Anschaffungskosten von 140 €. Ermitteln Sie die höchstmögliche Abschreibung.

Lösung

1

	HGB ab 2010	StB unverändert
Anschaffungskosten	150.000	150.000
Abschreibungen 15	-15.000	-10.000
Buchwert 15	135.000	140.000
Abschreibungen 16	-15.000	-10.000
Buchwert 16	120.000	130.000
	§§ 246 I S.4, 253 II S.2 und 3	§ 7 Abs. 1 S. 3 EStG

2 Die degressive Abschreibung ist nur in der Handelsbilanz entsprechend dem Entwertungsverlauf möglich

3 Sie erwerben mit dem Zuschuss kein Werkzeug, da nach 2 Jahren das Werkzeug verbraucht ist. Sie sind nicht wirtschaftlicher Eigentümer. Sie erwerben das Recht auf einen verbilligten Bezug für 2 Jahre. Der Buchwert wird wie folgt ermittelt:

Liefermenge, monatlich	1.000
Liefermenge für 2 Jahre	24.000
Nachlass pro Stück in €	2
Preisnachlass für 2 Jahre in €	48.000

	€
Anschaffungskosten 15	48.000
Abschreibung 15 zeitanteilig für 2 Jahre	– 14.000
Buchwert 15	34.000

4 Das Computerprogramm kann nach § 6 Abs. 2a EStG voll abgeschrieben werden, wenn die Anschaffungskosten nicht über 410 € liegen.

Grundstücke bewerten

Herstellungskosten ermitteln

Übung 9
8 min

Tragen Sie in folgende Tabelle ein, welche Kosten als Boden, Gebäude, Außenanlagen oder Betriebsvorrichtungen aktivierbar bzw. als Aufwand zu behandeln sind:

Aufwendungen für	Behandlung als
Alarmanlage	
Abstandszahlungen für vorzeitige Räumung	
Ersterschließungsbeiträge Grundstück	
Nachträgliche Erschließungsbeiträge zur Wartung	
Ersetzung öffentliche Erschließungsanlagen	
Anzahlungen ohne Gegenleistung	
Bodenaushub	
Personenfahrstuhl	
Lastenaufzug	
Einstellplätze für PKW	
Fahrtkosten zur Baustelle	
Sprinkleranlage für Fertigungsbereich	
Sprinkleranlage Verwaltungsbereich	
Einfriedung	
Stromleitungen für Maschinen	
Richtfest	
Rollläden, nachträglicher Einbau	
Gebäudeabbruch mit Abbruchabsicht bei Kauf	
Gebäudeabbruch ohne Abbruchabsicht bei Kauf	
Planungskosten	
Baustelleneinrichtungskosten	
Bauüberwachungskosten	
Kabelanschlüsse	
Umstellung Heizungsanlagen	
Wärmeschutzmaßnahmen	
Umzäunung	

Lösung

Aufwendungen für	Behandlung als
Alarmanlage	Gebäude
Abstandszahlungen für vorzeitige Räumung	Gebäude
Ersterschließungsbeiträge Grundstück	Boden
Nachträgliche Erschließungsbeiträge zur Wartung	Aufwand
Ersetzung öffentliche Erschließungsanlagen	Aufwand
Anzahlungen ohne Gegenleistung	Aufwand
Bodenaushub	Gebäude
Personenfahrstuhl	Gebäude
Lastenaufzug	Betriebsvorrichtung
Einstellplätze für PKW	Gebäude
Fahrtkosten zur Baustelle	Gebäude
Sprinkleranlage für Fertigungsbereich	Betriebsvorrichtung
Sprinkleranlage Verwaltungsbereich	Gebäude
Einfriedung	Außenanlagen
Stromleitungen für Maschinen	Betriebsvorrichtung
Richtfest	Gebäude
Rollläden, nachträglicher Einbau	Gebäude
Gebäudeabbruch mit Abbruchabsicht bei Kauf	Gebäude
Gebäudeabbruch ohne Abbruchabsicht bei Kauf	Aufwand
Planungskosten	Gebäude
Baustelleneinrichtungskosten	Gebäude
Bauüberwachungskosten	Gebäude
Kabelanschlüsse	Gebäude
Umstellung Heizungsanlagen	Aufwand
Wärmeschutzmaßnahmen	Aufwand
Umzäunung	Außenanlagen

Praxistipp

Untersuchen Sie mit Ihrem Steuerberater, ob Gebäudeteile überwiegend dem Betrieb und nicht dem Aufenthalt von Menschen dienen. Diese können über einen kürzeren Zeitraum wie bewegliches Anlagevermögen abgeschrieben werden.

Abschreibungen durchführen

Übung 10
10 min

Sie haben ein Fabrikgebäude mit Anschaffungskosten von 1.200.000 € mit 3 % auf 1.128.000 € am 31.12.2012 linear abgeschrieben. In 2013 entstehen nachträgliche Anschaffungskosten (120.000 €). 2014 stellt sich heraus, dass aufgrund von Baumängeln der Wert nur noch 900.000 € beträgt.

1 Führen Sie den Buchwert anhand der nachstehenden Tabelle fort:

Gebäude mit AK/HK von 1.200.000 €	Buchwert
Buchwert 31.12.2012	1.128.000
Nachträgliche Herstellungskosten Juli 2013	
Abschreibungen 3 % bis Juli 2013	
Abschreibungen 3 % ab August 2013	
Buchwert 31.12.2013	
Abschreibung 3 %	
Außerplanmäßige Abschreibung	
Buchwert 31.12.2014	
Abschreibung 3 %	
Buchwert 31.12.2015	

2 Stellen Sie dar, wie sich die Bemessungsgrundlage der Abschreibung nach Durchführung der außerplanmäßigen AfA darstellt.

Lösungstipps

Bei Gebäuden verändert sich der Abschreibungssatz von 3 % nicht.

Lösung

1

Gebäude mit AK/HK von 1.200.000 €	Buchwert
Buchwert 31.12.2012	1.128.000
Nachträgliche Herstellungskosten Juli 2013	120.000
Abschreibungen 3 % bis Juli 2013	- 21.000
Abschreibungen 3 % ab August 2013	- 16.500
Buchwert 31.12.2013	1.210.500
Abschreibung 3 %	- 39.600
Außerplanmäßige Abschreibung	- 254.400
Buchwert 31.12.2014	900.000
Abschreibung 3%	- 31.968
Buchwert 31.12.2015	868.032

2

Bemessungsgrundlage nach außerplanmäßiger Abschreibung	
Anschaffungskosten ursprünglich	1.200.000
Anschaffungskosten nachträglich	120.000
Außerplanmäßige Abschreibung	- 254.400
Bemessungsgrundlage	1.065.600

Praxistipps

Die Finanzverwaltung hat Richtlinien über die Nutzungsdauer der wichtigsten Wirtschaftgüter des Anlagevermögens erstellt.

Es gibt einige steuerliche Sonderabschreibungen bei Gebäuden, auf die Sie Ihren Steuerberater ansprechen sollten. Festgestellte Baumängel oder Altlasten auf Grundstücken können zu zusätzlichem Abschreibungsaufwand führen.

Bewegliche Sachanlagen und Anzahlungen ansetzen

Nach Handels- und Steuerrecht bilanzieren

Übung 11
10 min

Notieren Sie in folgender Tabelle: P = Aktivierungspflicht, W = Aktivierungswahlrecht, V = Aktivierungsverbot

Aufwendungen für Maschinen	HGB	EStG
Informationsmaterial, Fachzeitschriften		
Beratungsleistungen betr. Investitionen		
Auswertung Informationen durch eigenes Personal		
Angebotsprüfung Einkauf		
Besichtigungsfahrten bei Referenzkunden		
Kosten des Kaufvertrags		
Transportkosten Fremde		
Transportkosten eigener LKW		
Einbau Bodensockel, Fundamentverstärkung		
Energiezuleitungen		
Kosten der Erstprogrammierung der Steuerung		
Kosten der Verlegung der Energiezuleitungen		
Kosten der Aufstellung (Fremdpersonal)		
Kosten der Aufstellung (eigenes Personal)		
Justierungsarbeiten eigenes Personal		
Kosten der Probeläufe		
Schulung Mitarbeiter zur Bedienung der Anlage		
TÜV: Kosten der Abnahme		
Anteilige Kosten der Verwaltung		
Anteilige Kosten sozialer Einrichtungen		

Lösung

Aufwendungen für Maschinen	HGB	EStG
Informationsmaterial, Fachzeitschriften	W	P
Beratungsleistungen betr. Investitionen	W	P
Auswertung Informat. durch eigenes Personal	W	P
Angebotsprüfung Einkauf	W	P
Besichtigungsfahrten bei Referenzkunden	P	P
Kosten des Kaufvertrags	P	P
Transportkosten Fremde	P	P
Transportkosten eigener LKW	P	P
Einbau Bodensockel, Fundamentverstärkung	P	P
Energiezuleitungen	P	P
Kosten der Erstprogrammierung der Steuerung	P	P
Kosten der Verlegung der Energiezuleitungen	P	P
Kosten der Aufstellung (Fremdpersonal)	P	P
Kosten der Aufstellung (eigenes Personal)	P	P
Justierungsarbeiten eigenes Personal	P	P
Kosten der Probeläufe	P	P
Schulung Mitarbeiter zur Bedienung der Anlage	V	V
TÜV: Kosten der Abnahme	P	P
Anteilige Kosten der Verwaltung	W	W
Anteilige Kosten sozialer Einrichtungen	W	W

Praxistipps

Ab dem Anlagejahr 2010 entfällt die Alternative, öffentliche Investitionszuschüsse als Sonderposten mit Rücklageanteil zu passivieren. Sie müssen somit als Verminderung der Anschaffungskosten ausgewiesen werden.

Geleistete Anzahlungen über den Jahreswechsel entwickeln

Übung 12
10 min

Auf „Durchlaufende Posten" in 2013 finden Sie eine Anzahlung auf Maschinen inkl. 19 % USt. In 2014 erhalten Sie die Schlussrechnung über 35.700 € abzgl. Anzahlung. Korrigieren Sie den Bilanzansatz 2013 und entwickeln Sie die Bilanz in 2014 weiter.

Jahr 13	vor Prüfung	Umbuchung		nach Prüfung
Maschinen	83.000			
geleistete Anzahlungen	0			
Durchlaufender Posten	11.900			
Umsatzsteuererstattung	0			
Umlaufvermögen	7.200			
Guthaben bei Banken	35.000			
Bilanzsumme	**137.100**			
Stammkapital	50.000			
Jahresüberschuss	20.000			
Rückstellungen	30.000			
Verbindlichkeiten	37.100			
Bilanzsumme	**137.100**			

Jahr 14		Umbuch. 1	Umbuch. 2	
Maschinen				
geleistete Anzahlungen				
Durchlaufender Posten				
Umsatzsteuererstattung				
Umlaufvermögen				
Guthaben bei Banken				
Bilanzsumme				
Stammkapital				
Jahresüberschuss				
Rückstellungen				
Verbindlichkeiten				
Bilanzsumme				

Lösung

Jahr 13	vor Prüfung	Umbuchung		nach Prüfung
Maschinen	83.000			83.000
geleistete Anzahlungen	0	10.000		10.000
Durchlaufender Posten	11.900	- 11.900		0
Umsatzsteuererstattung	0	1.900		1.900
Umlaufvermögen	7.200			7.200
Guthaben bei Banken	35.000			35.000
Bilanzsumme	**137.100**	**0**		**137.100**
Stammkapital	50.000			50.000
Jahresüberschuss	20.000			20.000
Rückstellungen	30.000			30.000
Verbindlichkeiten	37.100			37.100
Bilanzsumme	**137.100**	**0**		**137.100**

Jahr 14	vor Prüfung	Umbuch. 1	Umbuch. 2	nach Prüfung
Maschinen	83.000	30.000		113.000
geleistete Anzahlungen	10.000		- 10.000	0
Durchlaufender Posten	0			0
Umsatzsteuererstattung	1.900	5.700	- 1.900	5.700
Umlaufvermögen	7.200			7.200
Guthaben bei Banken	35.000			35.000
Bilanzsumme	**137.100**	**35.700**	**- 11.900**	**160.900**
Stammkapital	50.000			50.000
Jahresüberschuss	20.000			20.000
Rückstellungen	30.000			30.000
Verbindlichkeiten	37.100	35.700	- 11.900	60.900
Bilanzsumme	**137.100**	**35.700**	**- 11.900**	**160.900**

Finanzanlagen bilanzieren

Finanzanlagen richtig ausweisen

Übung 13
10 min

Sie erstellen die Handelsbilanz der Holding-GmbH. Ordnen Sie die folgenden Finanzanlagen der richtigen Bilanzposition zu:

1 Anteile an der G-GmbH mit 51 %; Anschaffungskosten: 23.000 €

2 Kommanditanteil an der K-KG in Höhe von 21 % ; Anschaffungskosten 32.000 €

3 Lieferantendarlehen, Laufzeit 2 Jahre über 6.000 €

4 2-Jahreskredit an die G-GmbH über 15.000 €

5 Börsennotierte Aktien als langfristige Liquiditätsreserve über 16.000 €.

6 Darlehen über 2 Jahre an die K-KG über 45.000 €

7 25 % der Anteile der C-GmbH (19.000 €); die Holding-GmbH übt die tatsächliche Leitung der C-GmbH aus.

8 Seit 5 Jahren besteht eine Beteiligung an der V-AG; Sie erfahren, die Anteile (3.000 €) sollen verkauft werden.

9 Die Holding GmbH kauft eigene Anteile (5 %) ohne Weiterveräußerungsabsicht zu einem Preis von 50.000 €.

Lösungstipps

Voraussetzung für den Ausweis im Finanzanlagevermögen ist die Absicht, die Anlage länger (als ein Jahr) zu halten.

Lösung

Position	Lfd. Nr.	Wert	Wert	Gesamt
Anteile an verbundenen Unternehmen	1, 7	23.000	19.000	42.000
Ausleihungen an verbundene Unternehmen	4	15.000		15.000
Beteiligungen	2, 8	32.000	0	32.000
Ausleihungen an Unternehmen, mit denen ein Beteiligungsverhältnis besteht	6	45.000		45.000
Wertpapiere des Anlagevermögens	5	16.000		16.000
sonstige Ausleihungen	3	6.000		6.000
Summe		**137.000**	**19.000**	**156.000**

Ausweis im Umlaufvermögen	Lfd. Nr.	Wert	Wert	Gesamt
V-AG	8	3.000		3.000

Offen vom Eigenkapital abzusetzen	Lfd. Nr.	Wert	Wert	Gesamt
Stammkapital	9	– 2.500		– 2.500
Frei verfügbare Rücklagen	9	– 47.500		– 47.500
Summe		**– 50.000**		**– 50.000**

Praxistipp

Prüfen Sie bei jeder Bilanzerstellung die Veränderung der Beteiligungsquoten und ob die Absicht zur Veräußerungen besteht oder aufgegeben wird.

> Jedes Jahr müssen sämtliche Rechtsbeziehungen umfassend untersucht werden, z. B. ob Beherrschungsverträge vorliegen.

Wertänderungen bei den Finanzanlagen erfassen

Übung 14
10 min

Ihnen wird das Finanzanlagevermögen vorgelegt. Welchen Wertansatz wählen Sie in der Bilanz?

Lfd. Nr.	Position	Wert	Sachverhalt
1	Anteile an verbundenen Unternehmen	23.000	Der Wert ist wegen dauernder Verluste nachhaltig auf 6.000 € gefallen.
2	Ausleihungen an verbundene Unternehmen	15.000	Die Anlage ist unverzinslich, Laufzeit 2 Jahre, üblicher Zins = 5 %.
3	Beteiligungen	32.000	Einmalige Anlaufverluste haben den Wert auf 20.000 € gemindert.
4	Ausleihungen an Unternehmen, mit denen ein Beteiligungsverhältnis besteht	45.000	Es wurde ein Forderungsverzicht ausgesprochen; die Forderung lebt erst wieder auf, wenn und soweit der Bilanzgewinn des Schuldners das Stammkapital übersteigt; dies ist noch nicht der Fall.
5	Wertpapiere des Anlagevermögens	2.000	Die Anschaffungskosten betrugen 10.000 €. Der Börsenkurs ist wieder auf 8.000 € angestiegen.
6	Wertpapiere des Anlagevermögens	15.000	Der Börsenkurs ist kurzfristig auf 10.000 € gefallen.
7	sonstige Ausleihungen	6.000	Der Schuldner ist insolvenzgefährdet, Ausfallwahrscheinlichkeit 70 %
	Summe	**138.000**	

Lösungstipps

Lesen Sie § 253 HGB.

Lösung

Lfd. Nr.	Position	Wert	Sachverhalt
1	Anteile an verbundenen Unternehmen	6.000	Abschreibung: 17.000 €.
2	Ausleihungen an verbundene Unternehmen	13.605	Abzinsung über 2 Jahre auf 13.605 €, Abschreibungshöhe: 1.395 €.
3	Beteiligungen	32.000	keine Abschreibung möglich.
4	Ausleihungen an Unternehmen, mit denen ein Beteiligungsverhältnis besteht	0	Erfolgswirksame Ausbuchung der Forderung; soweit der Bilanzgewinn des Schuldners dessen Stammkapital übersteigt, wird die Forderung ertragswirksam eingebucht.
5	Wertpapiere des Anlagevermögens	8.000	Ertragswirksame Zuschreibung muss vorgenommen werden mit 6.000 €.
6	Wertpapiere des Anlagevermögens	15.000 (10.000)	Abwertungswahlrecht
7	sonstige Ausleihungen	1.800	Außerplanmäßige Abschreibung 4.200 €.
	Summe	**76.405 (71.405)**	

Praxistipp

Lassen Sie sich zur Ermittlung des Wertkorrekturbedarfs regelmäßig Ertragsvorschauen der im Finanzanlagevermögen aufgeführten Unternehmen vorlegen.

Dauernde Wertminderungen im Anlagevermögen müssen berücksichtigt werden. Fällt der Grund der Wertminderung weg, muss insoweit der Wertansatz nach oben korrigiert werden.

Das Umlaufvermögen beurteilen

In diesem Kapitel lernen Sie,

- die Bestandteile des Umlaufvermögens kennen (S. 163),
- Besonderheiten bei der Bewertung von Umlaufvermögen zu beachten (S. 167),
- die Auswirkung von Risiken beim Umlaufvermögen zu beurteilen (S. 177).

Darum geht es in der Praxis

Das Umlaufvermögen ist im Gegensatz zum Anlagevermögen von kurzfristiger Natur, d. h. es wird meist durch Zahlungseingänge in liquide Mittel umgeschichtet. Da die Nutzungsdauer des Umlaufvermögens in der Regel ein Jahr nicht übersteigt, gibt es keine planmäßigen Abschreibungen.

Bei der Zuordnung zum Umlaufvermögen kommt es nicht darauf an, wie lange Gegenstände im Unternehmen tatsächlich verbleiben, entscheidend ist vielmehr, ob die Gegenstände dazu bestimmt sind, nicht länger als ein Jahr im Unternehmen zu verbleiben.

Naturgemäß unterliegt der Wert des Umlaufvermögens größeren Schwankungen. Diese z. T. kurzfristigen Wertänderungen können sowohl durch den Absatz- als auch durch den Beschaffungsmarkt, aber auch durch die Qualität der eigenen Bearbeitung beeinflusst werden.

Die Bilanzierungspraxis trägt dem Gläubigerschutzgedanken durch das strenge Niederstwertprinzip Rechnung, nach dem auch kurzfristige oder einmalige Wertschwankungen zu berücksichtigen sind.

Mit den folgenden Übungen gewinnen Sie Sicherheit hinsichtlich der Prioritäten alternativ zu ermittelnder Wertansätze im Umlaufvermögen.

Vorräte ansetzen und bewerten

Den richtigen Ausweis finden

Übung 15

5 min

Die Vorräte werden in folgende Bilanzpositionen eingeteilt:

Lfd. Nr.	Position	
1	Roh-, Hilfs- und Betriebsstoffe	
2	unfertige Erzeugnisse, unfertige Leistungen	
3	fertige Erzeugnisse und Waren	
4	geleistete Anzahlungen auf Vorräte	
5	erhaltene Anzahlungen auf Vorräte	

Ordnen Sie die nachfolgenden Vermögenspositionen einer Werklieferung den lfd. Nr. der Tabelle zu.

1 Vorkasse an Lieferanten bei Bestellung von Gussteilen.
2 Anlieferung der Gussteile.
3 Einlagerung der Gussteile ins Zentrallager.
4 Kommissionierung der Gussteile für einen Auftrag im Zentrallager.
5 Richten der Gussteile vor die Maschine.
6 Eingang einer Anzahlung des Kunden auf den Auftrag.
7 Fertigstellung des Getriebes (Versandfertigkeit).
8 Aufbau Getriebe beim Kunden.
9 Abnahme Getriebe beim Kunden.
10 Einkauf von Ersatzteilen, zur Weiterlieferung bestimmt.

Lösungstipps

Betrachten Sie das Gliederungsschema des § 266 Abs. 2 HGB.

Lösung

Aufg.-Nr.	Position	Lfd. Nr.
1	geleistete Anzahlungen auf Vorräte	4
2	Roh-, Hilfs- und Betriebsstoffe	1
3	Roh-, Hilfs- und Betriebsstoffe	1
4	unfertige Erzeugnisse, unfertige Leistungen	2
5	unfertige Erzeugnisse, unfertige Leistungen	2
6	erhaltene Anzahlungen auf Vorräte (wird von den Vorräten abgezogen); alternativer Ausweis auf der Passivseite unter Verbindlichkeiten	5
7	unfertige Erzeugnisse, unfertige Leistungen	2
8	fertige Erzeugnisse und Waren	3
9	bei Abnahme kein Ausweis von Vorräten, sondern Ausweis einer Forderung	–
10	fertige Erzeugnisse und Waren	3

Praxistipps

Sobald Roh-, Hilfs- und Betriebsstoffe für einen bestimmten Auftrag zusammengestellt (kommissioniert) werden, liegen unfertige Erzeugnisse vor. Waren sind zur Weiterlieferung bestimmt, ohne dass sie bearbeitet werden.

Unfertige Leistungen betreffen Dienstleistungen. Beispiel: Ein bilanzierender Unternehmensberater hat Beratungsleistungen erbracht, die er erst nach dem Bilanzstichtag abrechnet.

LIFO-Methoden anwenden

Übung 16
20 min

Bestimmen Sie den Bilanzansatz der Vorräte nach den Durchschnittspreisen bzw. nach dem Perioden-LIFO-Verfahren.

	Menge Anfangsbestand Zugänge	Menge Abgang	Menge Bestand	Preis/ME
Anfangsbestand	300		300	290
Zugang	500		800	350
Abgang		– 200	600	
Zugang	300		900	380
Abgang		– 450	450	
Zugang	200		650	410
Abgang		– 340	310	
Summe	**1.300**	**– 990**		

Lösungstipps

Beim Perioden-LIFO-Verfahren wird aus Vereinfachungsgründen unterstellt, dass die zuletzt angeschafften Gegenstände zuerst verbraucht werden, wobei die Zugänge und Abgänge nur zusammengefasst als Differenz zwischen Schlussbestand und Anfangsbestand nach Zählmengen ankommen.

Lösung

1. Durchschnittsbewertung	Menge Anfangsbest. Zugänge	Menge Abgang	Menge Bestand	Preis/ ME	Menge Zugang x Preis
Anfangsbestand	300		300	290	87.000
Zugang	500		800	350	175.000
Abgang		– 200	600		
Zugang	300		900	380	114.000
Abgang		– 450	450		
Zugang	200		650	410	82.000
Abgang		– 340	310		
Summe	1.300	– 990			458.000
Anfangsbestand und Zugänge in Mengen					1.300
Durchschnittspreis					352
Bestand x Durchschnittspreis				310 x 352 =	109.120

2. Perioden LIFO	Menge				
Endbestand	310				
Anfangsbestand	– 300				
Bewegung	10				
	Menge	x	Preis	=	Bestand
aus Anfangsbestand	300	x	290	=	87.000
aus Zugängen	10	x	350	=	3.500
Summe = Endbestand	300	x	301,667	=	90.500

Praxistipps

Liegt der Preis zum Bilanzstichtag unter dem ermittelten Preis, kommt nur der niedrigste Preis zum Ansatz.

> Bei steigenden Einkaufspreisen führt die LIFO-Methode zur Bildung von stillen Reserven.

Nach dem permanenten LIFO-Verfahren bewerten

Übung 17

25 min

Beim permanenten LIFO-Verfahren werden die einzelnen Zu- und Abgänge erfasst. Ergänzen Sie die nachfolgende Tabelle.

Permanentes LIFO Verfahren	Menge Anf.-best. Zugänge	Menge Abgang	Menge Abgang Aufteil.	Menge Bestand	Preis/ ME	Lager-beweg. Wert
	1	2	3	4	5	6
Anfangsbest.	300			300	290	87.000
Zugang	500			800	350	175.000
Abgang		– 600		200		
Zugang	300			500	380	114.000
Abgang		– 450		50		
Zugang	600			650	410	246.000
Abgang		– 340		310		
Summe	**1.700**	**– 1.390**	**0**			

Lagerbestand	**Menge**	**x**	**Preis**	**=**	**Bestand**
aus Anfangsbestand		x		=	
aus Zugängen		x		=	
Summe	**310**	**x**		**=**	

Fügen Sie in Spalte 3 die Abgangsmengen und in Spalte 5 die Anschaffungskosten pro Mengeneinheit ein. Beachten Sie dabei, dass die zuletzt angeschafften Gegenstände zuerst verbraucht werden. In Spalte 6 ermitteln Sie den Wert des Abgangs (Menge x Preis). Ermitteln Sie anhand der Zusammensetzung des Lagerbestands, ob die Summe lt. Spalte 6 zum gleichen Ergebnis führt.

Lösung

Permanentes LIFO Verfahren	Menge Anf.-best. Zugänge	Menge Abgang	Menge Abgang Aufteil.	Menge Bestand	Preis/ ME	Lager-beweg. Wert
	1	2	3	4	5	6
Anfangs-bestand	300			300	290	87.000
Zugang	500			800	350	175.000
Abgang		– 600	– 500	200	350	– 175.000
			– 100		290	– 29.000
Zugang	300			500	380	114.000
Abgang		– 450	– 300	50	380	– 114.000
			– 150		290	– 43.500
Zugang	600			650	410	246.000
Abgang		– 340	– 340	310	410	– 139.400
Summe	**1.700**	**– 1.390**	**– 1.390**			**121.100**

Lagerbest.	Menge	x	Preis	=	Bestand
aus Anfangsbestand	50	x	290	=	14.500
aus Zugängen	260	x	410	=	106.600
Summe	**310**	**x**	**390,65**	**=**	**121.100**

Praxistipps

Das LIFO-Verfahren ist steuerlich anerkannt. Ist es einmal gewählt, kann für die Zukunft von dieser Methode allerdings nur mit Zustimmung des Finanzamts abgewichen werden.

> Bei fallenden Verkaufspreisen muss untersucht werden, ob eine Rückrechnung vom Verkaufspreis auf die Anschaffungs- oder Herstellungskosten zu einem niedrigeren Wertansatz führt, der dann nach dem strengen Niederstwertprinzip anzusetzen ist.

Erzeugnisse bewerten

Übung 18
15 min

Ermitteln Sie die steuerlich höchstmöglichen Herstellkosten (HK) anhand der nachstehenden Tabelle (SK = Selbstkosten).

Progressive Bewertung	SK vor Bilanzstichtag	SK nach Bilanzstichtag	HK vor Bilanzstichtag	HK nach Bilanzstichtag
Materialeinzelkosten	18.000	3.000		
Materialgemeinkosten	1.800	300		
Fertigungseinzelkosten	24.000	13.000		
Fertigungsgemeinkosten	14.400	7.800		
Sondereinzelkosten der Fertig.	13.000	0		
Wertverzehr des Anlagevermögens	2.000	300		
Verwaltungskosten	5.000	500		
Vertriebskosten	2.000	100		
Fremdkapitalzinsen	1.200	300		
Summe SK/HK	81.400	25.300		
		81.400		
SK/HK Gesamt		106.700		
betriebsübliche Gewinnspanne 12 %		12.804		
Verkaufspreis		119.504		

Der Kunde zieht regelmäßig 2 % Skonto; es fallen Garantieleistungen für 5.000 € an. Stellen Sie anhand des Schemas fest, ob sich ein niedrigerer Bilanzansatz ergibt.

Retrograde Bewertung	
Verkaufspreis	
Skonto 2 %	
Erzielbarer Verkaufspreis	
betriebsübliche Gewinnspanne 12 %	
Garantieaufwand	
Selbstkosten nach dem Bilanzstichtag	
Wertansatz in der Bilanz	

Lösung

Progressive Bewertung	SK vor Bilanzstichtag	SK nach Bilanzstichtag	HK vor Bilanzstichtag	HK nach Bilanzstichtag
Materialeinzelkosten	18.000	3.000	18.000	3.000
Materialgemeinkosten	1.800	300	1.800	300
Fertigungseinzelkosten	24.000	13.000	24.000	13.000
Fertigungsgemeinkosten	14.400	7.800	14.400	7.800
Sondereinzelkosten der Fertig.	13.000	0	13.000	0
Wertverzehr des Anlagevermögens	2.000	300	2.000	300
Verwaltungskosten	5.000	500	5.000	500
Vertriebskosten	2.000	100		
Fremdkapitalzinsen	1.200	300		
Summe SK/HK	81.400	25.300	**78.200**	24.900
		81.400		78.200
SK/HK Gesamt		106.700		103.100
betriebsübl. Gewinnspanne 12 %		12.804		
Verkaufspreis		119.504		

Retrograde Bewertung	
Verkaufspreis	119.504
Skonto 2 %	– 2.390
Erzielbarer Verkaufspreis	117.114
betriebsübliche Gewinnspanne 12 %	– 14.054
Garantieaufwand	– 5.000
Selbstkosten nach dem Bilanzstichtag	– 25.300
Wertansatz in der Bilanz	**72.760**

Es ist immer der niedrigere Wertansatz zu wählen, also 72.760 € anstelle von 78.200 €. Ab 2010 gilt nicht mehr das Aktivierungswahlrecht von Material- und Fertigungsgemeinkosten, sondern die Aktivierungspflicht.

Waren bewerten

Übung 19
5 min

Sie erstellen die Bilanz eines Modegeschäfts. Sie erfahren, dass aufgrund eines sich andeutenden Trendwechsels in der Mode ein Posten Sommerkleider mit einem erheblichen Preisnachlass als Sonderangebot verkauft werden soll. Das Modegeschäft hat den Verkaufspreis wie folgt kalkuliert:

Ursprüngliche Kalkulation	
Anschaffungskosten	150
Handelsspanne 70 %	105
Verkaufspreis	255

Die ursprünglich kalkulierte Handelsspanne entspricht dem tatsächlichen Rohgewinnaufschlag. Der Verkaufspreis soll auf 200 € herabgesetzt werden.

Ermitteln Sie den zutreffenden Wertansatz in der Bilanz.

Lösungstipps

Beachten Sie das strenge Niederstwertprinzip nach § 253 Abs. 3 HGB.

Lösung

Wenn der ursprünglich kalkulierte Aufschlag (Handelsspanne) dem tatsächlichen Aufschlag, der sich aus der Gewinn- und Verlustrechnung ableiten lässt, entspricht, dann bedeutet dies, dass jede Preisminderung zu einem Verlust führt.

Ermittlung Verlust	
urspr. Verkaufspreis	255
neuer Verkaufspreis	200
Verlust	55

Dieser Verlust ist von den Anschaffungskosten abzuziehen:

Ermittlung Wertansatz in der Bilanz	
Anschaffungskosten	150
Verlust	55
Bilanzansatz	95

Praxistipps

Nach dem Bilanzstichtag anfallende Verkaufskosten sind in der Handelsspanne bereits berücksichtigt.

> Man nennt diese Art der Bewertung retrograde oder verlustfreie Bewertung.

Forderungen beurteilen

Den richtigen Ausweis finden

Übung 20

10 min

Ordnen die Sie nachfolgend festgestellten Sachverhalte den richtigen Forderungspositionen zu.

	Sachverhalt	
a)	Bei den Verbindlichkeiten aus Lieferungen und Leistungen stellen Sie Sollsalden (Forderungen) bei einzelnen Lieferanten fest.	7.246
b)	Ein Mitarbeiter erhält einen Reisekostenvorschuss.	2.000
c)	Die Pump-KG, an der Sie 21 % halten, zahlt ihre Schulden bei Ihnen.	12.000
d)	Noch nicht eingezahltes Stammkapital wird eingefordert.	12.500
e)	Der Geschäftsführer fordert von den Gesellschaftern Nachschüsse; ein entsprechender Gesellschafterbeschluss liegt vor.	50.000
f)	Für Mieträume wurden Kautionen gezahlt.	6.200
g)	Verkauf von fertigen Erzeugnissen.	25.000
h)	Gehaltsvorschuss für den Gesellschafter-Geschäftsführer.	5.800
i)	Zahlung von privaten Steuerverbindlichkeiten des Gesellschafters.	6.000
j)	Kurzfristiges Darlehen an 100%-ige Muttergesellschaft.	32.000

B.II. Forderungen und sonstige Vermögensgegenstände	§§
1.Forderungen aus Lieferungen und Leistungen	266 Abs.2 HGB
2. Forderungen gegen verbundene Unternehmen	266 Abs.2 HGB
3. Forderungen gegen Unternehmen, mit denen ein Beteiligungsverhältnis besteht	266 Abs.2 HGB
4. Forderungen gegen Gesellschafter	42 Abs.2 GmbHG
5. eingeforderte Kapitaleinlagen	272 Abs.1 HGB
6. eingeforderte Nachschüsse	42 Abs.3 GmbHG
7. sonstige Vermögensgegenstände	266 Abs.2 HGB

Lösung

	Sachverhalt	Pos.
a)	Bei den Verbindlichkeiten aus Lieferungen und Leistungen stellen Sie Sollsalden (Forderungen) bei einzelnen Lieferanten fest.	7.
b)	Ein Mietarbeiter erhält einen Reisekostenvorschuss.	7.
c)	Zahlung einer Verbindlichkeit der Pump-KG, an der 21 % gehalten werden.	3.
d)	Noch nicht eingezahltes Stammkapital wird eingefordert. (ab 2010 Ausweis nur noch unter Pos. 7)	5.
e)	Der Geschäftsführer fordert von den Gesellschaftern Nachschüsse; ein entsprechender Gesellschafterbeschluss liegt vor.	6.
f)	Für Mieträume wurden Kautionen gezahlt.	7.
g)	Verkauf von fertigen Erzeugnissen.	1.
h)	Gehaltsvorschuss für den Gesellschafter-Geschäftsführer.	4., 7.
i)	Zahlung von privaten Steuerverbindlichkeiten des Gesellschafters.	4., 7.
j)	Kurzfristiges Darlehen an 100%-ige Muttergesellschaft.	2.

Praxistipps

Forderungen nach Ziffern 4. können auch im Anhang dargestellt werden. Der Ausweis der Forderungen gegen verbundene Unternehmen und gegen Unternehmen, mit denen ein Beteiligungsverhältnis besteht, hat Vorrang vor dem Ausweis der Forderungen aus Lieferungen und Leistungen und der sonstigen Forderungen.

Wenn Forderungen mehreren Positionen zugeordnet werden können, muss im Anhang die Mitzugehörigkeit vermerkt werden.

Forderungen ansetzen und bewerten

Übung 21
10 min

Versuchen Sie, die nachstehenden Forderungen anzusetzen und zu bewerten. Tragen Sie bei der Einzelwertberichtigung und der Ausbuchung die Gewinnauswirkung ein und vermerken Sie, ob eine Umsatzsteuerkorrektur notwendig ist.

	Sachverhalt	Forderung	EWB	Ausbuchung
1	Zwei Getriebe stehen versandfertig zur Auslieferung; der Lieferschein und die Rechnung sind bereits ausgedruckt.	17.850		
2	wie 1. mit folgender Änderung: Der Kunde kann die Getriebe noch nicht abnehmen. Er erklärt, dass die Getriebe auf seine Gefahr bei Ihnen bis zur Abholung lagern.	11.900		
3	Zahnräder waren am Bilanzstichtag an den Kunden ausgeliefert. Der Kunde hat ein auf zwei Wochen befristetes Rückgaberecht.	14.080		
4	Eine Auslandsforderung wurde mit einem Umrechnungskurs von 1,12 eingebucht. Zum Bilanzstichtag beträgt der Umrechnungskurs 0,99.	1.120		
5	Eine Auslandsforderung wurde mit einem Umrechnungskurs von 1,12 eingebucht. Zum Bilanzstichtag beträgt der Umrechnungskurs 1,20.	1.120		
6	Ein Kunde bittet um Zahlungsaufschub von 12 Monaten; auf die übliche Verzinsung von 5,5 % wird aufgrund der langjährigen Geschäftsbeziehung verzichtet.	120.000		

EWB: Einzelwertberichtigung ohne Umsatzsteuerkorrektur

Lösung

	Sachverhalt	Forderung	EWB	Aus-buchung
1	Eine Lieferung ist nicht erfolgt; die Forderung besteht nicht, USt-Korr.	0	0	– 15.000 (2.850)
2	Das wirtschaftliche Eigentum ist übergegangen; die Forderung besteht.	11.900	0	0
3	Eine Lieferung ist nicht erfolgt; die Forderung besteht nicht, USt-Korr.	0		– 11.831 (1.899)
4	Die Kursdifferenz ist aufgrund des strengen Niederstwertprinzips zu berücksichtigen.	1.120	– 145,6	0
5	Keine Änderung; Obergrenze sind die Anschaffungskosten (Kurs bei Einbuchung).	1.120	0	0
6	Bei der Forderung besteht ein Zinsnachteil, der sich wertmindernd auswirkt. Der Zinsnachteil bezieht sich auf den Bruttobetrag.	120.000	-6.600	0

Praxistipps

Ausbuchungen führen zu Aufwendungen. Richten Sie gesonderte Konten in der GuV für Ausbuchungsaufwand von Forderungen mit und ohne Mehrwertsteuer ein.

> Die Ausbuchung einer Forderung führt immer zu einer nachträglichen Stornobuchung der ursprünglich eingebuchten Forderung – ganz oder teilweise. Insoweit wird auch die Umsatzsteuer korrigiert. Die Ausbuchung führt also immer zu Umsatzsteuererstattungsansprüchen, allerdings nur bei Forderungen, in denen Umsatzsteuer enthalten ist.
> Einzelwertberichtigungen mindern das Konto Forderungen nicht. Sie werden als Korrekturposten auf einem gesonderten Konto geführt.
> In der Steuerbilanz dürfen beim Umlaufvermögen nur dauernde Wertminderungen berücksichtigt werden.

Ausfallrisiken einschätzen

Übung 22
10 min

Beurteilen Sie das Ausfallrisiko der Forderungen und ermitteln Sie, ob eine uneinbringliche Forderung ausgebucht werden soll oder ob eine Einzelwertberichtigung anzusetzen ist. In die Spalte EWB und Ausbuchung tragen Sie die Gewinnauswirkung ein.

	Sachverhalt	Forderung inkl. MWSt	EWB	Ausbuchung
1	Bei einem Kunden sind Forderungen entstanden. Er zahlt üblicherweise mit Skontoabzug von 2 %.	59.500		
2	Forderungen eines Kunden sind seit 3 Monaten überfällig; er vertröstet Sie wöchentlich.	5.950		
3	Ein Kunde beruft sich rechtmäßig auf die Verjährung einer Forderung.	23.800		
4	Sie erfahren, dass ein Kunde in Zahlungsschwierigkeiten kommt.	3.480		
5	Das Insolvenzverfahren über das Vermögen eines Kunden ist eröffnet.	17.400		
6	Die mehrmalige Zwangsvollstreckung ist fruchtlos verlaufen.	1.160		
7	Ihr Schuldner hat eine Versicherung an Eides statt gegeben (§ 807 ZPO: „Offenbarungseid").	9.860		
8	Sie klagen eine Forderung bei Gericht ein. Der Ausgang ist offen.	24.360		

Lösungstipps

Die Lösung basiert teilweise auf der subjektiven – aber begründbaren – Einschätzung des Risikos. Die Lösung stellt demnach nur eine Möglichkeit von mehreren dar.

Lösung

		Forderung	EWB	Aus-buchung
1	Skonto muss grundsätzlich v. Netto-betrag berücksichtigt werden.	58.000	- 1.000	0
2	lt. Einschätzung: Ausfallrisiko 10 %	5.800	- 500	0
3	Forderung ist uneinbringlich, USt-Korr.	0	0	- 20.000
4	lt. Einschätzung: Ausfallrisiko 30 %	3.480	- 1.500	
5	lt. Einschätzung: Ausfallrisiko 50 %	17.400	- 4.500	0
6	Forderung ist uneinbringlich, USt-Korr.	0	0	0
7	Forderung ist uneinbringlich, USt-Korr.	0	0	0
8	lt. Einschätzung: Ausfallrisiko 60 %	24.360	- 12.600	0

EWB: Einzelwertberichtigung ohne Umsatzsteuerkorrektur

Praxistipps

Ausfallrisiken werden immer vom Nettobetrag der Forderung, also ohne evtl. im Forderungsbetrag enthaltene Umsatzsteuer berechnet, Zinsrisiken dagegen vom Bruttobetrag einschließlich inländischer Umsatzsteuer.

Bei der Bewertung der Forderungen ist ihre persönliche Einschätzung der Risiken von großer Bedeutung. Versuchen Sie, ausreichendes Belegmaterial für Ihre Einschätzung zu sammeln. Die oben dargestellte Einschätzung des Ausfallrisikos kann durchaus unterschiedlich sein.

Buchungssätze bilden

Übung 23
10 min

Bilden Sie Buchungssätze zu folgenden Fällen:

1 Eine Forderung fällt in Höhe von 11.900 € (inkl. 19 % MWSt) aus.

Soll		Haben	

2 Eine Forderung in Höhe von 23.800 € (inkl. MWSt) wird vom Kunden bestritten. Sie schätzen das Ausfallrisiko mit 50 % ein.

Soll		Haben	

3 Sie haben im letzten Geschäftsjahr eine Forderung ausgebucht und die Umsatzsteuer von 19 % korrigiert. Wider Erwarten überweist der Kunde im laufenden Jahr noch einen Betrag von 2.380 €.

Soll		Haben	

4 Sie haben im Vorjahr eine Forderung mit (netto) 500 € einzelwertberichtigt. Im laufenden Geschäftsjahr erklärt sich der Kunden bereit, den restlichen Forderungsbetrag in Höhe von 595 € zu bezahlen.

Lösungstipps

Das Ausfallrisiko bezieht sich auf den Betrag ohne USt.

Lösung

1

Soll		Haben	
sonstige betriebliche Aufwendungen (Forderungsverluste)	10.000	Forderungen	11.900
Umsatzsteuer	1.900		

2

Soll		Haben	
sonstige betriebliche Aufwendungen (Einstellung in die Einzelwertberichtigung zu Forderungen)	10.000	Einzelwertberichtigung	10.000

3

Soll		Haben	
Bank	5.950	sonstige betriebliche Erträge (Erträge aus abgeschriebenen Forderungen)	5.000
		Umsatzsteuer	950

4

Soll		Haben	
Einzelwertberichtigung	500	sonstige betriebliche Erträge (Erträge aus der Herabsetzung von Einzelwertberichtigungen)	500

Praxistipps

Führen Sie eine Aufstellung der Einzelwertberichtigungen, die Sie fortlaufend pflegen. Auf den nicht einzelwertberichtigten Forderungsbestand bilden Sie eine Pauschalwertberichtigung. Klären Sie mit Ihrem Steuerberater den Prozentsatz ab, den das Finanzamt akzeptiert, und fragen Sie nach nötigen Nachweisen.

Aktive Rechnungsabgrenzungs-posten bilden

Rechnungsabgrenzungs-posten bilden

Übung 24
8 min

Sie stellen die Bilanz zum 31.12.14 auf. Bilden Sie aus den genannten Sachverhalten den zutreffenden Rechnungsabgrenzungsposten.

1 Sie haben im November Mieten für November 2014 bis Mai 2015 gezahlt. Die Miete pro Monat beträgt 1.500 € (Betrag ohne MwSt).

2 Sie geben einem Fahrzeugvermieter in 2014 einen Betrag von 500 € (Betrag ohne MwSt). Dafür dürfen Sie in 2015 für 3 Wochen ein Fahrzeug nutzen, ohne dass ein fester Zeitraum fixiert wurde.

3 Sie haben Ende September 2014 einen Kredit mit einem Rückzahlungsbetrag von 180.000 € aufgenommen. Der 6 Jahre laufende Kredit wird zu 96 % ausbezahlt.

Lösungstipps

Lesen Sie § 250 Abs. 3 und § 268 Abs. 6 HGB.

Lösung

1 Der Rechnungsabgrenzungsposten ist in Höhe der vorausbezahlten Mieten für Januar bis Mai zu aktivieren:
1.600 € x 5 = 8.000 €.
Die Miete November bis Dezember ist Aufwand des Geschäftsjahres 2014.

2 Es ist kein Rechnungsabgrenzungsposten zu bilden. Es liegt kein Aufwand für eine bestimmte Zeit nach dem Bilanzstichtag vor.

3 Der Rechnungsabgrenzungsposten ist das Disagio (Unterschiedsbetrag zwischen Auszahlungs- und Rückzahlungsbetrag des Kredits: € 7.200). Er vermindert sich um die Abschreibung über 6 Jahre. Die Abschreibung für 2014 (3 Monate) beträgt 400 €, das in der Bilanz auszuweisende Disagio 6.800 €.

Praxistipps

Ein Disagio kann auch degressiv statt linear abgeschrieben werden.

Rechnungsabgrenzungs-posten bilden

Übung 25

8 min

1 Sie bezahlen die KFZ-Steuer (360 €) für die Zeit von November 2014 bis Oktober 2015.

2 Sie haben aus den USA Waren für 200.000 € bezogen und dafür Eingangszölle in Höhe von 12.000 € bezahlt. Zum Bilanzstichtag sind aus diesem Bezug noch Waren in Höhe von 40.000 € vorhanden.

3 Ihr Unternehmen hat einen Auftrag über den Bau und Einbau von Maschinenwerkzeugen abgeschlossen. Mit den Arbeiten wurde noch nicht begonnen. Vorab wurde eine Anzahlung über 10.000 € zzgl. 1.900 € MwSt überwiesen. Gebucht wurde:
Bank an erhaltene Anzahlungen: 11.900 € und
USt-Aufwand an USt-Verbindlichkeit: 1.900 €

Lösungstipps

Prüfen Sie zuerst, ob eine Auszahlung im laufenden Jahr vorliegt.

Lösung

1 Der Rechnungsabgrenzungsposten beträgt 300 €. (360 €/12 x 10 Monate)

2 Es liegen noch 20 % des Wareneinkaufs aus den USA auf Lager. Daher können 20 % der Eingangszölle als Rechnungsabgrenzungsposten (2.400 €) aktiviert werden.

3 Der Umsatzsteueraufwand kann nicht als Rechnungsabgrenzungsposten aktiviert werden. Der „Bruttoausweis" der Umsatzsteuer ist im Rahmen des BilMoG (Streichung § 250 Abs. 1 Satz 2 HGB) abgeschafft worden.

Praxistipps

Führen Sie bei umfangreichen Rechnungsabgrenzungsposten Listen, die Sie bei jedem Jahresabschluss fortführen können. Führen Sie die Listen getrennt nach Disagio und sonstigen Rechnungsabgrenzungsposten. Sie erleichtern sich die Arbeit und gewährleisten die Vollständigkeit der Bilanz.

Die Bildung von aktiven Rechnungsabgrenzungsposten ist gesetzlich geregelt. Sie finden die Vorschrift in § 250 Abs. 1 HGB.

Das Eigenkapital darstellen

In diesem Kapitel lernen Sie,

- das Eigenkapital der verschiedenen Unternehmensformen darzustellen (S. 187),
- die Auswirkungen bestimmter Vorgänge auf das Eigenkapital zu beurteilen (S. 191),
- Eigenkapital, Sonderposten oder Rücklagen zu bilanzieren (S. 199).

Darum geht es in der Praxis

Der Ausweis des Eigenkapitals ist nicht nur für Kapitalgesellschaften (GmbH, AG) gesetzlich geregelt. Mittlerweile gibt es auch gesetzliche Regelungen für Personenhandelsgesellschaften (OHG und KG). Für das Einzelunternehmen schreibt das Gesetz lediglich den Posten Eigenkapital vor.

Die gesetzlichen Regelungen sind bei Kapitalgesellschaften sehr umfassend. Bei Personengesellschaften stellt sich häufig vor allem die Frage, ob Entnahmen oder Aufwandsvergütungen vorliegen. Hinzu kommt, dass das Steuerrecht in bestimmten Fällen Entnahmen ansetzt, obwohl handelsrechtlich Aufwendungen anzusetzen sind.

Auch in der Phase von Unternehmensgründungen kann es zu Bilanzierungsproblemen kommen.

Im folgenden Kapitel wird von der handelsrechtlichen Bilanzierungspraxis ausgegangen. Soweit erforderlich wird zudem das abweichende Steuerrecht behandelt.

Die Übungen helfen Ihnen, die Problemfelder, die in Bilanzierungsfragen beim Ausweis des Eigenkapitals entstehen können, in den Griff zu bekommen.

Das Eigenkapital der verschiedenen Gesellschaftsformen ausweisen

Den richtigen Ausweis finden

Übung 26
8 min

Welche Unternehmensform (Rechtsform) ordnen Sie dem Eigenkapitalausweis der folgenden Tabellen zu?

	1.	
I.	Kapitalkonto	10.000
	1 Einlagen	12.000
	2 Entnahmen	– 13.000
II.	Jahresüberschuss/Jahresfehlbetrag	6.000
	Eigenkapital	15.000

	2.	
I.	Kapitalanteile Vollhafter	25.000
	1. Entnahmen	– 10.000
	2. Einlagen	8.000
II.	Rücklagen	2.000
III.	Gewinnvortrag/Verlustvortrag	– 3.000
IV.	Jahresüberschuss/Jahresfehlbetrag	18.000
	Eigenkapital	40.000

Lösungstipps

Für Einzelunternehmen ist gesetzlich nur der Ausweis des Eigenkapitals in einer Summe vorgeschrieben. In der Praxis wird jedoch differenziert.

Lösung

1 Einzelunternehmen

2 Offene Handelsgesellschaft (OHG) oder auch bilanzierende gewerbliche Gesellschaft bürgerlichen Rechts (GbR).

Praxistipps

In der Regel enthält bei Personengesellschaften (GbR, OHG, KG, GmbH & Co. KG) der Gesellschaftsvertrag die Angaben über die Zusammensetzung des Eigenkapitals. Meistens werden die Kapitalkonten des Eigenkapitals tiefer untergliedert; richten Sie Kapitalkonten für jeden Gesellschafter ein und erweitern Sie die Kapitalkonten pro Gesellschafter um ein Verlustvortragskonto, mit dem künftige Gewinnanteile verrechnet werden.

> Die Vergütungen für Gesellschafter von Personengesellschaften, die Arbeitsleistungen für die Gesellschaft erbringen, werden grundsätzlich als Entnahme erfasst, es sei denn der Gesellschaftsvertrag regelt dies anders. Die Finanzverwaltung behandelt jedoch als Aufwand verbuchte Tätigkeitsvergütungen als Sonderbetriebseinnahme des Gesellschafters und erhöht den Jahresüberschuss um die Sonderbetriebseinnahme.

Unternehmensform und Eigenkapitalausweis

Übung 27

8 min

Sehen Sie sich den Eigenkapitalausweis der folgenden zwei Tabellen an – welche Unternehmensform hat jeweils das Unternehmen?

		1.	
I.		Kapitalanteile Vollhafter	1.000
II.		Kapitalanteile Teilhafter	20.000
	1.	Entnahmen	– 10.000
	2.	Einlagen	8.000
II.		Rücklagen	2.000
III.		Gewinnvortrag/Verlustvortrag	– 3.000
IV.		Jahresüberschuss/Jahresfehlbetrag	18.000
		Eigenkapital	36.000

		2.	
I.		Gezeichnetes Kapital	1.000
II.		Kapitalrücklage	20.000
II.		Gewinnrücklagen	2.000
III.		Gewinnvortrag/Verlustvortrag	– 3.000
IV.		Jahresüberschuss/Jahresfehlbetrag	18.000
		Eigenkapital	38.000

Lösungstipps

Teilhafter sind in der Regel Kommanditisten.

Lösung

1 Kommanditgesellschaft (KG oder GmbH & Co. KG).

2 Kapitalgesellschaft: Gesellschaft mit beschränkter Haftung (GmbH), Aktiengesellschaft (AG).

Praxistipps

Auch eine GmbH & Co. KG ist eine Personengesellschaft. Ihr einziger voll haftender Gesellschafter ist in der Regel eine GmbH. Diese GmbH bilanziert nach den Grundsätzen der Kapitalgesellschaft.

Eine Kapitalgesellschaft kennt keine Entnahmen. Vermögensübertragungen von der Kapitalgesellschaft auf die Gesellschafter sind Ausschüttungen.

> Der Jahresüberschuss und der Gewinnvortrag einer Kapitalgesellschaft gehören nicht mehr zum Eigenkapital, soweit die Gesellschafter zum Bilanzstichtag eine Gewinnverteilung beschlossen haben und Sie den Gewinn als Ausschüttung entnehmen können. In diesem Fall besteht eine Verbindlichkeit gegenüber den Gesellschaftern, die nicht beim Eigenkapital ausgewiesen werden kann.

Veränderungen des Eigenkapitals erfassen

Einlagen und Entnahmen erfassen

Übung 28

5 min

Beurteilen Sie bei der folgenden Aufstellung einer KG, ob Aufwand, Entnahme oder Einlage vorliegen. Geben Sie Entnahmen und Aufwendungen mit einem Minuszeichen und Einlagen und Gewinne ohne Vorzeichen an.

	Sachverhalt	
1	Gesellschafter A stellt sein Privatfahrzeug der Gesellschaft unentgeltlich zur Verfügung; die auf die Fahrten für den Betrieb entfallenden Kosten werden nicht erstattet.	1.000
2	Gesellschafter B hat als Geschäftsführer ein Gehalt. Lt. Gesellschaftsvertrag ist das Gehalt ein vorab zu verteilender Gewinn.	80.000
3	Wie 2., nur hat der Gesellschafter-Geschäftsführer einen Anstellungsvertrag.	80.000
4	Gesellschafter B nutzt einen Geschäftswagen für private Zwecke	3.200

Lösungstipps

Entnahmen sind Wertabgaben des Betriebs an den Gesellschafter einer Personengesellschaft.

Lösung

	Sachverhaltsbeurteilung	
1	Es handelt sich nicht um eine Einlage, der Vorgang ist weder im Jahresabschluss noch in der Buchhaltung zu erfassen.	0
2	Hier liegt eine Entnahme vor, da der Gesellschaftsvertrag dies ausdrücklich regelt.	– 80.000
3	Es handelt sich um einen Aufwand der Gesellschaft; er wird steuerlich als Sonderbetriebseinnahme dem Jahresüberschuss hinzugerechnet.	– 80.000
4	In diesem Fall liegt eine Entnahme von Leistungen für betriebsfremde Zwecke vor.	– 3.200

Praxistipps

Reine unentgeltliche Nutzungen sind nicht einlagefähig. Der Gesellschafter einer Personengesellschaft kann aber die auf die betriebliche Nutzung seines PKWs entfallenden Kosten als Sonderbetriebsausgaben ansetzen. Die Sonderbetriebsausgaben können nur in der Steuererklärung der Gesellschaft geltend gemacht werden.

Nutzungen können Gegenstand einer Entnahme sein.

Liegen Einlagen und Entnahmen vor?

Übung 29
5 min

Beurteilen Sie die nachfolgende Aufstellung einer KG dahingehend, ob Aufwand, Entnahme oder eine Einlage vorliegt. Geben Sie Entnahmen und Aufwand mit einem Minuszeichen und Einlagen und Gewinne ohne Vorzeichen an.

	Sachverhalt	
1	Gesellschafter A vermietet ein Lagergrundstück an die Gesellschaft.	16.800
2	Gesellschafter A hat ein Darlehen an die Gesellschaft gegeben. Der Zinsaufwand beträgt:	7.200
3	Die Gesellschaft verkauft Büromöbel an den Gesellschafter C für 10.000 € zzgl. 1.900 € MwSt; der tatsächliche Verkaufswert beträgt 20.000 € zzgl. MwSt.	11.900
4	Der Gesellschafter C gibt der Gesellschaft ein Darlehen über 10.000 € zinslos für die erste Hälfte des Geschäftsjahres und zu 6 % für die zweite Hälfte. Zum 31.12. verzichtet er auf die Zinsen.	300

Lösungstipps

Einlagen sind Wertabgaben des Gesellschafters an die Gesellschaft – ausgenommen reine (unentgeltliche) Nutzungen.

Lösung

	Sachverhaltsbeurteilung	
1	Es handelt sich um einen Aufwand der Gesellschaft, der steuerlich als Sonderbetriebseinnahme dem Jahresüberschuss hinzugerechnet wird.	- 16.800
2	Es liegt ein Aufwand bei der Gesellschaft vor und eine Sonderbetriebseinnahme beim Gesellschafter.	- 7.200
3	Es handelt sich um eine Entnahme: 11.900 € USt (Soll), Umsatzsteuerverbindlichkeit: 1.900 € (Haben), Erlös 10.000 € (Haben), Mehrerlös gegenüber Verkauf: netto 10.000 €.	- 11.900
4	In der ersten Jahreshälfte entsteht kein Zinsanspruch, daher keine Einlage; in der zweiten Jahreshälfte ist der Verzicht auf den gebuchten Zinsanspruch eine Einlage des Gesellschafters.	300

Praxistipps

Bei Leistungen zwischen Gesellschaft und Gesellschaftern bestehen in der Regel steuerliche Problemfelder. Kontaktieren Sie deshalb frühzeitig Ihren Steuerberater, bevor Sachverhalte soweit fortgeschritten sind, dass sie nicht mehr anders gestaltet werden können.

Das Eigenkapital der Kapitalgesellschaft entwickeln

Übung 30

5 min

Entwickeln Sie das Eigenkapital der G-GmbH weiter.

1 Im notariellen Gesellschaftsvertrag wird das Stammkapital mit 25.000 € ausgewiesen. Eine Einzahlung ist nicht erfolgt.

Aktiva		Passiva	

2 Die Einzahlung auf das Stammkapital ist eingegangen.

Aktiva		Passiva	

3 Eine Stammkapitalerhöhung von 25.000 € wird mit einem Aufgeld von 10.000 € durchgeführt und sofort eingezahlt.

Aktiva		Passiva	

4 Sie leisten eine Zuzahlung von 20.000 € in das Gesellschaftsvermögen der GmbH. Eine Rückzahlung ist nicht geplant.

Aktiva		Passiva	

Lösungstipps

Schauen Sie in § 266 Abs. 2 HGB nach.

Lösung

1

Aktiva		Passiva	
		Gezeichnetes Kapital	25.000
		Ausstehende Einlagen	– 25.000

2

Aktiva		Passiva	
Guthaben bei Kreditinstituten	25.000	Gezeichnetes Kapital	25.000

3

Aktiva		Passiva	
Guthaben bei Kreditinstituten	60.000	Gezeichnetes Kapital	50.000
		Kapitalrücklage	10.000

4

Aktiva		Passiva	
Guthaben bei Kreditinstituten	80.000	Gezeichnetes Kapital	50.000
		Kapitalrücklage	30.000

Praxistipps

Werden die ausstehenden Einlagen eingefordert, sind sie gesondert als Forderung auszuweisen.

Die reine (unentgeltliche) Nutzung an Gegenständen ist nicht einlagefähig. Nur der Anspruch auf Nutzungsentgelt (Miete, Zins, Pacht) ist ein Vermögensgegenstand, der eingelegt wird, wenn der Gesellschafter auf diesen Anspruch verzichtet.

Das Eigenkapital der Kapitalgesellschaft weiter entwickeln

Übung 31

10 min

Entwickeln Sie das Eigenkapital der G-GmbH weiter.

1 So sieht die Schlussbilanz der G-GmbH aus:

Aktiva		Passiva	
Guthaben bei Kreditinstituten	92.000	Gezeichnetes Kapital Kapitalrücklage Verlustvortrag Jahresüberschuss	50.000 30.000 – 15.000 27.000

Wie sieht die Eröffnungsbilanz des Folgejahres aus, wenn der Jahresüberschuss vorgetragen werden soll?

2 Die Gesellschafterversammlung der G-GmbH beschließt eine Ausschüttung über 5.000 €. Vernachlässigen Sie die Abzugssteuern. Ausgangspunkt ist folgende Bilanz:

Aktiva		Passiva	
Vermögen	70.000	Gezeichnetes Kapital Gewinnvortrag	50.000 20.000

3 Die G-GmbH zeigt folgende Bilanz und beschließt zur Verlustdeckung eine Kapitalherabsetzung. Wie sieht die Bilanz nach Durchführung der Kapitalherabsetzung aus?

Aktiva		Passiva	
Vermögen	25.000	Gezeichnetes Kapital Verlustvortrag	50.000 – 25.000

Lösungstipp

Beschlossene Ausschüttungen führen zu Verbindlichkeiten.

Lösung

1

Aktiva		Passiva	
Guthaben bei Kreditinstituten	92.000	Gezeichnetes Kapital	50.000
		Kapitalrücklage	30.000
		Gewinnvortrag	12.000

2

Aktiva		Passiva	
Vermögen	70.000	Gezeichnetes Kapital	50.000
		Gewinnvortrag	15.000
		Verbindlichkeiten gegenüber Gesellschafter	5.000

3

Aktiva		Passiva	
Vermögen	25.000	Gezeichnetes Kapital	25.000

Praxistipps

Veränderungen des Eigenkapitals setzen in den meisten Fällen Gesellschafterbeschlüsse voraus. Ohne Gesellschafterbeschlüsse können solche Veränderungen des Eigenkapitals nicht in der Bilanz berücksichtigt werden.

Der Jahresüberschuss verändert das Eigenkapital ohne Gesellschafterbeschluss. Für die Verwendung des Jahresüberschusses (z. B. Ausschüttung) wird ein Gesellschafterbeschluss benötigt.

Mischposten bilden

Zuschüsse bilanzieren

Übung 32
10 min

1 Sie haben zu Beginn des Geschäftsjahres eine Maschine (80.000 €) gekauft und hierfür einen Zuschuss erhalten, der als Ertrag erfasst wurde. Wie entwickeln sich die Bilanz und die GuV, wenn ein Sonderposten mit Rücklageanteil gebildet wird? Beginnen Sie mit dem Buchungssatz.

Soll			Haben		

Aktiva			Passiva		
Technische Anlagen	80.000		Gewinnvortrag	30.000	
Bankguthaben	20.000		Jahresüberschuss	70.000	
			Sonderposten mit Rücklageanteil	0	

Aufwand			Ertrag		
Sonst. betriebl. Aufwendungen	60.000		Erträge	130.000	
Jahresüberschuss	70.000				

2 Die Maschine wird über 8 Jahre linear abgeschrieben. Entwickeln Sie die Buchwerte der Maschine und des Sonderpostens.

Technische Anlagen			Sonderposten mit Rücklageanteil		
Buchwert, Anf.best.		80.000	Buchwert, Anf.best.		20.000
Abschreib.aufw.			Auflösungsertrag		
Buchwert, Endbest.			Buchwert, Endbest.		

Lösung

1

Soll			Haben		
Sonst. betriebl. Aufwendungen		20.000	Sonderp. mit Rücklageanteil		20.000

Aktiva			Passiva		
Techn. Anlagen	80.000	80.000	Gewinnvortrag	30.000	30.000
Bankguthaben	20.000	20.000	Jahresüber-schuss	70.000	50.000
			Sonderp. mit Rücklageanteil	0	20.000

Aufwand			Ertrag		
Sonst. betriebl. Aufwendungen	60.000	80.000	Erträge	130.000	
Jahresüber-schuss	70.000	50.000			

2

Technische Anlagen			Sonderp. mit Rücklageanteil		
Buchwert, Anf.best.		80.000	Buchwert, Anf.best.		20.000
Abschrei-bungsaufwand		– 10.000	Auflösungs-ertrag		– 2.500
Buchwert, Endbestand		70.000	Buchwert, Endbestand		17.500

Praxistipps

Ab 2010 dürfen Sonderposten mit Rücklageanteil nur noch in der Steuerbilanz gebildet werden. In der Handelsbilanz sind die entsprechenden Anschaffungskosten zu kürzen oder Erträge auszuweisen. Den Erträgen aus der Auflösung der Sonderposten entsprechen die Minderabschreibungen in der Handelsbilanz. Bestehende Sonderposten dürfen gem. Art. 67 Abs. 3 EGHGB weiter geführt werden.

Rückstellungen ermitteln und Verbindlichkeiten beurteilen

In diesem Kapitel lernen Sie,

- Rückstellungen zu berechnen (S. 205),
- Verbindlichkeiten auszuweisen, zu erfassen und auszubuchen (S. 221).

Darum geht es in der Praxis

Rückstellungen und Verbindlichkeiten sind die Schulden eines Unternehmens. Durch die Gegenüberstellung von Vermögen und Schulden wird das Eigenkapital als deren Unterschiedsbetrag sichtbar.

Während Verbindlichkeiten in der Regel einen eindeutigen Betrag ergeben, kommen bei der Bildung von Rückstellungen auch subjektive Einschätzungen des Unternehmers zum Tragen. Hier bestehen oftmals Bewertungsspielräume, insbesondere in der Einschätzung von Risiken. Für die Bilanz- und Ergebnispolitik sind daher Rückstellungen von erheblicher Bedeutung.

Rückstellungen müssen für

- ungewisse Verbindlichkeiten,
- drohende Verluste aus schwebenden Geschäften und für
- Garantieleistungen ohne rechtliche Verpflichtung gebildet werden.

Wahlrechte zur Bildung von Aufwandsrückstellungen in der Handelsbilanz bestehen ab 2010 nicht mehr.

Auch die Abgrenzung der Verbindlichkeiten von den Rückstellungen ist von Bedeutung.

Anhand der Übungen lernen Sie die in der Praxis wesentlichen Rückstellungen und Verbindlichkeiten kennen. Einzelne Sachverhalte veranschaulichen, wie mit diesen Positionen umzugehen ist.

Rückstellungen für ungewisse Verbindlichkeiten buchen

Rückstellungen buchen

Übung 33
10 min

Tragen Sie die Buchungssätze ein:

Bei der Bilanzerstellung liegt noch kein Beitragsbescheid der Berufsgenossenschaft vor. Sie errechnen anhand des Vorjahresbescheids und der aktuellen Mitarbeiterzahl einen Beitrag von 25.000 €. In den Rückstellungen ist noch der Vorjahresbetrag von 20.000 € enthalten.

Aufwand / Rückstellung		Rückstellung / Ertrag	

Das Pensionsgutachten weist einen Betrag für Rückstellungen für Pensionen von 63.000 € aus. In der Bilanz steht noch der Betrag des Vorjahres mit 70.000 €.

Aufwand / Rückstellung		Rückstellung / Ertrag	

Ein Kunde macht zutreffende Schadensersatzforderungen aus Lieferungen gegen Sie geltend. Er fordert 10.000 €.

Aufwand / Rückstellung		Rückstellung / Ertrag	

Lösungstipps

Die Positionen der Gewinn- und Verlustrechnung finden Sie in § 275 HGB.

Lösung

Aufwand		Rückstellung	
Soziale Abgaben und Aufwendungen für Altersversorgung und Unterstützung	5.000	Sonstige Rückstellungen	5.000

Aufwand / Rückstellung		Rückstellung / Ertrag	
Rückstellungen für Pensionen	7.000	Sonstige betriebliche Erträge	7.000

Aufwand / Rückstellung		Rückstellung / Ertrag	
Sonstige betriebliche Aufwendungen	10.000	Sonstige Rückstellungen	10.000

Praxistipps

Unterlagen zur Bildung von Rückstellungen über ungewisse Verbindlichkeiten finden Sie überwiegend in den Buchhaltungsunterlagen des folgenden Geschäftsjahrs.

Ab 2010 müssen Pensionsverpflichtungen mit bestimmten Sicherungsvermögen verrechnet werden, auf die Gläubiger nicht zugreifen können; wegen der grundlegenden Änderung der Bewertungsvorschriften ist die Nachfrage beim Steuerberater anzuraten.
Aktivierte, nicht realisierte Wertsteigerungen beim Sicherungsvermögen führen dann zu einer Ausschüttungssperre.

Öffentlich rechtliche Rückstellungen erfassen

Übung 34

10 min

Tragen Sie die Buchungssätze ein:

1 Die Kosten der Erstellung des Jahresabschlusses durch den Steuerberater belaufen sich jährlich auf netto 8.000 €. Ihre Mitarbeiter bereiten den Abschluss vor. Die Kosten pro Stunde eines Mitarbeiters betragen ca. 23 € bei voraussichtlich 72 Stunden. Ermitteln und buchen Sie die Rückstellung.

Aufwand / Rückstellung		Rückstellung / Ertrag	

2 Auf Ihrem Grundstück befanden sich Giftstoffe. Das Grundstück ist verseucht. Nach gesetzlichen Vorschriften sind Sie verpflichtet, das Grundstück von Altlasten zu befreien. Die Kosten für die Dekontaminierung betragen voraussichtlich 50.000 €. Bilden Sie die Rückstellung.

Aufwand / Rückstellung		Rückstellung / Ertrag	

3 In Ihrem Fuhrpark sollen im nächsten Geschäftsjahr die Reifen komplett ausgewechselt werden. Sie fassen den Entschluss, die Altreifen zunächst zu lagern und die behördlich vorgeschriebene Abfallentsorgung durchzuführen, sobald 50 Altreifen gesammelt werden.

Aufwand / Rückstellung		Rückstellung / Ertrag	

Lösung

1

Aufwand		Rückstellung	
Sonstige betriebliche Aufwendungen	9.656	Sonstige Rückstellungen	9.656

Ermittlung:

Steuerberater:	8.000
Mitarbeiter: 72 Std. x 23 €/Std.	1.656
Gesamt	9.656

2

Aufwand / Rückstellung		Rückstellung / Ertrag	
Sonstige betriebliche Aufwendungen	50.000	Sonstige Rückstellungen	50.000

3

Aufwand / Rückstellung		Rückstellung / Ertrag	
Kein Aufwand	0	Keine Rückstellung	0

Im Geschäftsjahr liegt kein Abfall vor, da die Reifen noch auf den Fahrzeugen sind. Die Verpflichtung zur Entsorgung entsteht erst mit dem Abmontieren und der Lagerung der Reifen als Abfall.

Praxistipps

Die Finanzverwaltung erkennt die öffentlich-rechtlichen Verpflichtungen nur an, wenn Sie hinreichend konkretisiert sind. Setzen Sie sich deshalb mit Ihrem Steuerberater in Verbindung.

Langfristige Rückstellungen

Übung 35

10 min

Sie haben eine vertragliche Verpflichtung über Abbruchkosten nach Ablauf von 5 Jahren über insgesamt € 25.000 nach heutigen Preisverhältnissen.

Jahr	Kosten / p. a.	Kostensteig. p. a. %	Abzinsungssatz %
2015	5.000	10,00	3,75
2016	5.000	2,00	3,90
2017	5.000	3,00	4,78
2018	5.000	2,00	4,22
2019	5.000	3,00	4,36
Summe	50.000		

1 Berechnen Sie den Erfüllungsbetrag unter Berücksichtigung von Kostensteigerungen für 2014 bis 2018.

Jahr	Erfüllungsbetrag p.a.	Erfüllungsbetrag addiert.	Erfüllungsbetrag kum.	Abzinsung über ... Jahre	Rückstellung (Barwert)
2015					
⋮					
2019					

2 Berechnen Sie die Rückstellung für die Steuerbilanz.

3 Entstehen aktive oder passive latente Steuern?

Lösung

1 Handelsbilanz

Jahr	Erfüllungsbetrag p. a.	Erfüllungsbetrag addiert	Erfüllungsbetrag kum.*	Abzinsung über ... Jahre	Rückstellung (Barwert)
2015	5.500	5.500	5.500	4	4.747
2016	5.610	11.110	11.220	3	10.003
2017	5.778	16.888	17.335	2	16.006
2018	5.894	22.782	23.575	1	22.621
2019	6.071	28.853	**30.353**	0	**30.353**

* Die Spalte „Erfüllungsbetrag kum." berücksichtigt, dass die kumulierten Vorjahreskosten um den Faktor des aktuellen Jahres erhöht werden.

2 Steuerbilanz

Jahr	Erfüllungsbetrag p. a.	Erfüllungsbetrag addiert	Erfüllungsbetrag kum.	Abzinsung über ... Jahre	Rückstellung (Barwert)
2015	5.000	5.000	Entfällt	4	4.036
2016	5.500	10.500	Entfällt	3	9.368
2017	5.610	16.110	Entfällt	2	15.121
2018	5.778	21.888	Entfällt	1	20.747
2019	5.894	**27.782**	Entfällt	0	**27.782**

Künftige Kostensteigerungen bleiben unberücksichtigt. Der Abzinsungsfaktor beträgt pauschal 5,5 %.

3 Das Eigenkapital der Handelsbilanz ist höher als dasjenige der Steuerbilanz. Es sind passive latente Steuern zu berücksichtigen.

Praxistipps

Die Abzinsungssätze werden von der Deutschen Bundesbank im Internet veröffentlicht.

> Die wesentliche Änderung des BilMoG besteht in der Berücksichtigung der künftigen Kostensteigerung (vgl. in Spalte „Erfüllungsbetrag kum."). In der Steuerbilanz bleibt die Berechnung grundsätzlich unverändert.

Wenn Verluste drohen

Aufwendungen rückstellen

Übung 36
5 min

Tragen Sie die Buchungssätze für die einzelnen Sachverhalte ein: Sie haben 2 Betriebsgrundstücke mit aufstehenden Gebäuden. Beide Gebäude wurden in den vergangenen 10 Jahren nicht wie erforderlich in Stand gesetzt. Sie stellen die Zeitpläne und die Kosten für das nächste Geschäftsjahr zusammen:

- Gebäude 1: Renovierungszeitraum 03.02. bis 25.03.,
  Kosten 80.000 €
- Gebäude 2: Renovierungszeitraum 15.03. bis 28.04.,
  Kosten 50.000 €

Die Versicherung beteiligt sich bei Gebäude 1 mit 20.000 €, mit 5.000 € bei Gebäude 2. Bilden Sie die höchstmöglichen Rückstellungen in der Handels- und Steuerbilanz:

a) Handelsbilanz

Aufwand / Rückstellung		Rückstellung / Ertrag	

b) Steuerbilanz

Aufwand / Rückstellung		Rückstellung / Ertrag	

Lösungstipps

Lesen Sie § 249 Abs. 1 und 2 HGB.

Lösung

a) Handelsbilanz

Aufwand		Rückstellung	
Sonstige betriebliche Aufwendungen	105.000	Sonstige Rückstellungen (Gebäude 1 und 2)	105.000

b) Steuerbilanz

Aufwand / Rückstellung		Rückstellung / Ertrag	
Sonstige betriebliche Aufwendungen	60.000	Sonstige Rückstellungen (Gebäude 1)	60.000

Praxistipps

Für Aufwendungen nach dem Bilanzstichtag müssen in der Handelsbilanz sogenannte Aufwandsrückstellungen für bis zum Bilanzstichtag unterlassene Aufwendungen für Instandhaltung gebildet werden, wenn der Aufwand innerhalb von 3 Monaten nach dem Bilanzstichtag nachgeholt wird. Das Gleiche gilt für Aufwendungen für Abraumbeseitigung, die innerhalb von 12 Monaten nach dem Bilanzstichtag nachgeholt werden.

Für den Ablauf von 3 Monaten durchgeführte Instandhaltungen und anderen Aufwand dürfen ab 2010 keine Rückstellungen in der Handelsbilanz gebildet werden (Annäherung der Handelsbilanz an die Steuerbilanz).

> Rückstellungen werden ab 2010 mit dem Erfüllungsbetrag (einschl. künftiger Kostensteigerung) bewertet und bei einer Restlaufzeit von über einem Jahr abgezinst.

Verluste bilanzieren

Übung 37

10 min

Sie haben einen Auftrag angenommen und so kalkuliert:

Material inkl. Gemeinkosten	20.000
Fertigung inkl. Gemeinkosten	45.000
Verwaltungskosten	5.000
Vertriebskosten	3.000
Finanzierungskosten	2.500
Gewinn	10.000
Verkaufspreis	85.500

In Ihrer vorläufigen Bilanz wurde aktiviert:

Material inkl. Gemeinkosten	1.500
Fertigung inkl. Gemeinkosten	700
	2.200

Die GuV beinhaltet folgenden Aufwand:

Vertriebskosten	800
Finanzierungskosten	600
	1.400

Bei der Bilanzerstellung stellen Sie fest, dass sich die Materialkosten verdoppelt haben. Bilden Sie für den Verlust eine Rückstellung und tragen Sie ihn bei „Drohverlustrückstellung" ein. Benutzen Sie das folgende Ermittlungsschema:

Verkaufspreis	
Gewinn	
Finanzierungskosten	
Vertriebskosten	
Verwaltungskosten	
Fertigung inkl. Gemeinkosten	
Material inkl. Gemeinkosten	
Drohverlustrückstellung	

Lösungstipps

Nicht aktivierte Aufwendungen des laufenden Jahres werden bei der Berechnung der Rückstellung nicht berücksichtigt.

Lösung

Material inkl. Gemeinkosten	20.000	Verkaufspreis	85.500
Fertigung inkl. Gemeinkosten		Gewinn	– 10.000
	45.000	Finanzierungskosten	**– 1.900**
Verwaltungskosten	5.000	Vertriebskosten	**– 2.200**
Vertriebskosten	3.000	Verwaltungskosten	– 5.000
Finanzierungskosten	2.500	Fertigung inkl. Gemeink.	– 45.000
Gewinn	10.000	Material inkl. Gemeink.	– 40.000
Verkaufpreis lt. Kalkulation	85.500	Drohverlustrückstellung	– 18.600

Ermittlung Finanzierungs- und Vertriebskosten:

Vertriebskosten lt. Kalkulation	3.000	Finanzierungskosten lt. Kalkulation	2.500
Vertriebskosten lt. GuV	– 800	Finanzierungsk. lt. GuV	– 600
Vertriebskosten zur Berechnung der Drohverlustrückstellung	**2.200**	Finanzierungskosten zur Berechnung der Drohverlustrückstellung	**1.900**

Praxistipps

Bis zum Bilanzstichtag entstandene Aufwendungen dürfen bei der Ermittlung der Rückstellungen für drohende Verluste nicht berücksichtigt werden.

Rückstellungen für drohende Verluste müssen in der Handelsbilanz angesetzt werden. In der Steuerbilanz dürfen sie nicht gebildet werden.
Ab 2010 wird bei der Bewertung von Rückstellungen nicht nur wie bisher das Grundgeschäft berücksichtigt, sondern auch bestimmte, gegenläufige Sicherungsgeschäfte („Bewertungseinheit" nach BilMoG 2010). Dies betrifft insbesondere Kurs- und Währungssicherungsgeschäfte.

Latente Steuern zurückstellen

Gewährleistungen nach Handels- und Steuerbilanz bilden

Übung 38
10 min

Sie erstellen den Jahresabschluss einer GmbH und bearbeiten den Posten Gewährleistungsrückstellungen. Sie schätzen die Lage wie folgt ein:

	Kosten	Umsatz	Rückstellung
Garantiebehafteter Umsatz		12.000.000	
vom Kunden als Garantiefall geltend gemacht	5.000	60.000	
Nachbesserungen aufgrund von Kulanz und Pflege der Kundenbeziehungen	8.000	40.000	
Pauschale Rückstellung (Risikovorsorge)	0,5 % des Umsatzes		
		Summe	

Rückstellung in der Steuerbilanz	
Rückstellung in der Handelsbilanz	
Unterschiedsbetrag = weniger Verbindlichkeit = Mehrvermögen	

Ermitteln Sie die gesamte Höhe der Rückstellungen für Gewährleistungen nach Handels- und Steuerbilanz und tragen Sie die Werte in die oben stehende Tabelle ein.

Lösung

	Kosten	Umsatz	Rückst.
Garantiebehafteter Umsatz		12.000.000	
vom Kunden als Garantiefall geltend gemacht	5.000	60.000	5.000
Nachbesserungen aufgrund von Kulanz und Pflege der Kundenbeziehungen	8.000	40.000	8.000
Pauschale Rückstellung ohne besonderen rechtlichen Grund (Risikovorsorge)	restl. Umsatz	11.900.000	59.500
Garantierückstellung			72.500

Rückstellung in der Steuerbilanz	13.000
Rückstellung in der Handelsbilanz	72.500
Unterschiedsbetrag = Weniger Verbindlichkeit = Mehrvermögen	- 59.500

Praxistipps

Nachweise über Gewährleistungen aus der Vergangenheit führen zur Anerkennung der Rückstellungen durch das Finanzamt. Es genügt auch, wenn Sie nachweisen, dass in der Vergangenheit Gewährleistungen angefallen sind, die pauschal zu einem bestimmten Gewährleistungsprozentsatz vom Umsatz führen.

Nicht jede Differenz zwischen handels- und steuerrechtlichen Wertansätzen führt zur Entstehung von Rückstellungen für latente Steuern. Weitere Voraussetzung ist, dass sich die Differenzen im Zeitablauf ausgleichen.

Latente Steuern berechnen

Übung 39

10 min

1 Die Rückstellung für Gewährleistungen beträgt in der Handelsbilanz 72.500 € und in der Steuerbilanz 13.000 €. Tragen Sie die Rückstellungen in die Spalte Bilanz ein und ermitteln Sie die Gewinnänderung aufgrund der latenten Steuern.

	Vorjahr		Bilanz
Steuerbilanz	18.000	Steuerbilanz	
Handelsbilanz	102.500	Handelsbilanz	
Unterschiedsbetrag	– 84.500	Unterschiedsbetrag	
	(=30%)	Gewinnabweichung	

2 Besteht eine Pflicht zur Berücksichtigung der latenten Steuern? Tragen Sie die Buchung in folgende Tabelle ein.

AKTIVA / Aufwand	Soll	PASSIVA / Ertrag	Haben

Lösungstipps

Lesen Sie § 274 HGB.

Hinweis: Wegen der Aufgabe der Maßgeblichkeitsgrundsätze zwischen Handels- und Steuerbilanz werden latente Steuerrückstellungen häufiger vorgenommen.

Lösung

1

	Vorjahr		Bilanz
Steuerbilanz	18.000	Steuerbilanz	13.000
Handelsbilanz	102.500	Handelsbilanz	72.500
Unterschiedsbetrag = Weniger Verbindlichkeit in Steuerbilanz	84.500	Unterschiedsbetrag = Weniger Verbindlichkeit in Steuerbilanz	59.500
Latente Steuern	25.350	Latente Steuern	17.850

2 Künftig führt der Ausgleich der Abweichung HB/StB zu einer Steuerentlastung und zu aktiven latenten Steuern (Wahlrecht).

AKTIVA	**Soll**	**Steuern vom Einkomm. und Ertrag**	**Haben**
D. Aktive latente Steuern	7.500	Steuern vom Einkommen und Ertrag	7.500

Praxistipps

Entstehen über alle Bilanzpositionen insgesamt passive latente Steuern, besteht Passivierungsplicht, andernfalls ein Aktivierungswahlrecht.

Rückstellungen für latente Steuern müssen ab 2010 grundsätzlich nur große und mittelgroße Kapitalgesellschaften bilden (für aktive latente Steuern).

Rückstellungen abwickeln

Rückstellungen für Steuern und Abgaben entwickeln

Übung 40
10 min

Tragen Sie die Buchungssätze ein:

1 Die Gewerbesteuerrückstellung des Vorjahres betrug 65.000 €. Im laufenden Jahr erhalten Sie den Gewerbesteuerbescheid. Im Bescheid werden 64.000 € festgesetzt. Buchen Sie die Abwicklung (Zahlung) der Rückstellung.

Aufwand / Rückstellung	Soll	Rückstellung / Ertrag	Haben

2 Die Gewerbesteuerrückstellung des Vorjahres betrug 65.000 €. Im laufenden Jahr erhalten Sie den Gewerbesteuerbescheid. Im Bescheid werden 67.000 € festgesetzt. Buchen Sie die Abwicklung (Zahlung) der Rückstellung.

Aufwand / Rückstellung	Soll	Rückstellung / Ertrag	Haben

3 Im Vorjahr haben Sie eine Rückstellung für Berufsgenossenschaftsbeiträge in Höhe von 8.000 € gebildet. Den Beitragsbescheid über 7.500 € erhalten Sie im laufenden Geschäftsjahr.

Aufwand / Rückstellung	Soll	Rückstellung / Ertrag	Haben

Lösung

1

Rückstellung	Soll	Ertrag	Haben
Steuerrückstellung (Gewerbesteuer)	65.000	Bank	64.000
		Steuern vom Einkommen und Ertrag (Gewerbesteuer Vorjahr)	1.000

2

Aufwand / Rückstellung	Soll	Ertrag	Haben
Steuerrückstellung (Gewerbesteuer)	65.000	Bank	67.000
Steuern vom Einkommen und Ertrag (Gewerbesteuer Vorjahr)	2.000		

3

Rückstellung	Soll	Ertrag	Haben
sonstige Rückstellungen (Berufsgenossenschaft)	8.000	Bank	7.500
		sonstige betriebl. Erträge (Erträge aus Auflösung von Rückstellungen – periodenfremd)	500

Praxistipps

Erträge aus Steuererstattungen und Auflösung von Steuerrückstellungen werden in der GuV bei den Steuern vom Einkommen und Ertrag bzw. den sonstigen Steuern ausgewiesen.

> Erträge aus Auflösungen bedeuten in der Regel, dass der Rückstellungsbetrag höher als der tatsächliche Aufwand war.

Rückstellungen aus dem Vorjahr abwickeln

Übung 41
10 min

Tragen Sie die Buchungssätze ein:

1 Die Rückstellungen für Jahresabschlusskosten betrugen in der Vorjahresbilanz 5.000 €. Die Rechnung geht im laufenden Geschäftsjahr ein und beträgt 5.800 € zzgl. 19 % Mehrwertsteuer.

Aufwand / Rückstellung	Soll	Rückstellung / Ertrag	Haben

2 Die Bilanz des Vorjahres weist eine Rückstellung für Gewährleistungen i. H. v. 6.000 € aus. Mittlerweile werden zusätzlich Folgeschäden geltend gemacht. Sie schätzen den zusätzlichen Aufwand auf 2.000 €.

Aufwand / Rückstellung	Soll	Rückstellung / Ertrag	Haben

3 Die Rückstellung für die Pension eines verstorbenen Mitarbeiters beträgt 6.000 €. Der Buchhalter hat die Rentenbezüge (1.200 €) als Aufwendungen für Altersversorgung gebucht.

Aufwand / Rückstellung	Soll	Rückstellung / Ertrag	Haben

Lösungstipps

Eine Rückstellung muss aufgelöst werden, sobald eine konkrete Verbindlichkeit entsteht.

Lösung

1

Aufwand / Rückstellung	Soll	Rückstellung / Ertrag	Haben
Sonstige Rückstellungen	5.000	Verbindlichkeit	6.728
Sonstige betriebliche Aufwendungen	800		
Vorsteuer	928		

2

Aufwand / Rückstellung	Soll	Rückstellung / Ertrag	Haben
Sonstige betriebliche Aufwendungen (Garantieaufwendungen)	2.000	Sonstige Rückstellungen	2.000

3

Aufwand / Rückstellung	Soll	Rückstellung / Ertrag	Haben
Rückstellungen für Pensionen und ähnliche Verpflichtungen	6.000	Soziale Abgaben und Aufwendungen für Altersversorgung	1.200
		Sonstige betriebliche Erträge (Erträge aus Auflösung von Pensionsrückstellungen)	4.800

Praxistipps

Buchen Sie Erträge aus der Auflösung von Rückstellungen, wenn Sie nicht feststellen können, dass ein konkreter Aufwand korrigiert werden soll.

> Die Entwicklung von Pensionsrückstellungen ersehen Sie aus den Mitteilungen der Versicherungsgesellschaften oder aus den Pensionsgutachten.

Verbindlichkeiten bilanzieren

Verbindlichkeiten gegenüber Kreditinstituten bilanzieren

Übung 42

10 min

1 Sie haben einen Bankkredit erhalten: Kredit 120.000 €, Auszahlung 96 % am 30.08., Laufzeit 4 Jahre, Tilgung 15.000 € halbjährlich. Buchen Sie den Kredit ein.

Aktiva	Soll	Passiva	Haben

2 Buchen Sie die lineare Auflösung des Disagios ein.

Aktiva	Soll	Passiva	Haben

Lösungstipps

Berücksichtigen Sie das Disagio als Unterschiedsbetrag zwischen Kredit und Auszahlung. Die Auflösung eines Disagios stellt zinsähnlichen Aufwand dar.

Lösung

1

Aktiva	Soll	Passiva	Haben
Bank	115.200	Verbindlichkeiten gegenüber Kreditinstituten	120.000
Rechnungsabgrenzungs-posten, Disagio	4.800		

2

Aufwand	Soll	Aktiva	Haben
Zinsen und ähnliche Aufwendungen	300	Rechnungsabgrenzungs-posten, Disagio	300

Berechnung: Die Laufzeit des Kredits beträgt 48 Monate, das Disagio wird über 3 Monate bis zum Bilanzstichtag aufgelöst:

$$\frac{4.800 \times 3}{48} = 300$$

Praxistipps

Richten Sie monatliche Dauerbuchungen zur Auflösung eines Disagios ein.

Lassen Sie sich bei Annuitätendarlehen (fester Betrag aus Zins und Tilgung) einen Tilgungsplan von Ihrer Bank geben. So können Sie auch unterjährig den Zinsanteil bei jeder Ratenzahlung zutreffend erfassen.

Ein Disagio digital degressiv auflösen

Übung 43
10 min

Der Bankkredit aus der vorigen Aufgabe: Kredit 120.000 €, Auszahlung 96 % am 30.08., Laufzeit 4 Jahre, Tilgung 15.000 halbjährlich.

Berechnen Sie die digitale Abschreibung des Disagios von 4.800 €. Gehen Sie dabei gemäß dem unten dargestellten Schema vor.

Tilgung	Betrag
1. Rate	15.000
2. Rate	15.000
3. Rate	15.000
4. Rate	15.000
5. Rate	15.000
6. Rate	15.000
7. Rate	15.000
8. Rate	15.000
	120.000

Laufende Nummer der Rate	Auflösung

Lösungstipps

Ermitteln Sie zunächst die Summe der Anzahl der Raten (1 + 2 + ... + 8).

Lösung

Tilgung	Betrag		Laufende Nummer der Rate	Auflösung
1. Rate	15.000		8	1.067
2. Rate	15.000		7	933
3. Rate	15.000		6	800
4. Rate	15.000		5	667
5. Rate	15.000		4	533
6. Rate	15.000		3	400
7. Rate	15.000		2	267
8. Rate	15.000		1	133
	120.000		**36**	**4.800**

Berechnung der 1. Auflösung:

$$\frac{4.800 \times 8}{36} = 1.067$$

Die Auflösung entspricht einer Halbjahresrate. Die Auflösung für 3 Monate beträgt daher: 1.067 x ½ = 533,5

Berechnung der 2. Auflösung:

$$\frac{4.800 \times 7}{36} = 933$$

usw.

Praxistipps

Wenn ein höherer Aufwand gewünscht wird, empfiehlt es sich, ein Disagio digital degressiv aufzulösen.

> Die degressive Auflösung entspricht in ihrem Verlauf den durch Kredittilgungen abnehmenden Zinsbelastungen.

Verbindlichkeiten aus Lieferungen und Leistungen bilanzieren

Übung 44

10 min

1 Sie haben eine Rechnung mit Datum auf den Bilanzstichtag über 11.900 € auf dem Tisch. Die Rechnung betrifft eine Lieferung von Waren. Aus dem Wareneingang kommt die Nachricht, dass die Ware 10 Tage nach dem Bilanzstichtag eingetroffen ist. Lieferbedingungen wurden nicht vereinbart. Wie ist die Rechnung im Jahresabschluss zu verarbeiten?

Aktiva	Soll	Passiva	Haben
Vorräte Vorsteuer		Verbindlichkeiten aus Lieferungen und Leistungen	

2 Der Wareneingang meldet einen Wareneingang zum Bilanzstichtag. Die Rechnung wird Ihnen am 10.01. nach dem Bilanzstichtag vorgelegt. Der Eingangsstempel datiert vom 08.10. Die Rechnung trägt das Datum 31.12. (Bilanzstichtag). Wie wird der Vorgang im Jahresabschluss erfasst? Der Rechnungsbetrag lautet über 11.900 € inkl. MwSt.

Aktiva	Soll	Passiva	Haben
Vorräte Vorsteuer		Verbindlichkeiten aus Lieferungen und Leistungen	

Lösung

1

Aktiva	Soll	Passiva	Haben
Vorräte	0	Verbindlichkeiten aus Lieferungen und Leistungen	0
Vorsteuer	0		

Es ist zum Jahresabschluss noch nichts zu veranlassen, da eine Lieferung zum Bilanzstichtag noch nicht erfolgt war.

2

Aktiva	Soll	Passiva	Haben
Vorräte	10.000	Verbindlichkeiten aus Lieferungen und Leistungen	11.900
Vorsteuer	1.900		

Die Vorsteuer kann erst geltend gemacht werden, wenn die Rechnung vorliegt. Die Vorsteuer muss auf einem gesonderten Konto gebucht werden (noch nicht abziehbare Vorsteuer).

Wechsel- und Lieferanten-verbindlichkeiten ansetzen

Übung 45
10 min

1 Sie haben eine Lieferantenschuld über 11.900 €. Vor dem Bilanzstichtag akzeptieren Sie einen kurzfristigen Wechsel über den Betrag von 11.900 € zzgl. vom Lieferanten in Rechnung gestellte Wechselkosten von 238 € inkl. MWSt. Die Lieferung liegt zum Bilanzstichtag auf Lager und ist in den Vorräten zum Bilanzstichtag enthalten. Tragen Sie die Bilanzansätze in das Schema ein.

Aktiva	Soll	Passiva	Haben
Vorräte Vorsteuer		Verbindlichkeiten aus Lieferungen und Leistungen	

Aufwand	Soll	Ertrag	Haben
Zinsen und ähnliche Aufwendungen		Sonstige betriebliche Erträge	

2 Ein Schweizer Lieferant stundet Ihnen zinslos für 2 Jahre eine Kaufpreisschuld (ohne Umsatzsteuer) über 12.000 € aus dem Kauf einer Büroeinrichtung. Am Bilanzstichtag ist die Restlaufzeit bis zur Rückzahlung noch 2 Jahre. Wie ist der Kauf bei marktüblichen Zinsen von 5,5% zu buchen?

Aktiva	Soll	Passiva	Haben
Betriebs- und Geschäftsausstattung Aktiver Rechnungsabgrenzungsposten		Verbindlichkeiten aus Lieferungen und Leistungen	

Lösung

1

Aktiva	Soll	Passiva	Haben
Vorräte	10.000	Verbindlichkeiten aus Lieferungen und Leistungen	12.138
Vorsteuer	1.938		

Aufwand	Soll	Ertrag	Haben
Zinsen und ähnliche Aufwendungen	200		

2

Aktiva	Soll	Passiva	Haben
Betriebs- und Geschäftsausstattung	10.781	Verbindlichkeiten aus Lieferungen und Leistungen	12.000
Aktiver Rechnungsabgrenzungsposten	1.219		

Der Rechnungsabgrenzungsposten ist über 2 Jahre planmäßig abzuschreiben.

Probleme bei Gesellschafterdarlehen erkennen

Übung 46
10 min

In der Bilanz ist ein Gesellschafterdarlehen mit 100.000 € ausgewiesen. Beantworten Sie die nachfolgenden Aufgabenstellungen.

1 Das Gesellschafterdarlehen ist mit 5 % zu verzinsen. Die Zinsen sind noch nicht in der Buchhaltung erfasst und auch noch nicht ausbezahlt. Wie ist zu buchen?

Soll		Haben	
Zinsen und ähnliche Aufwendungen		Verbindlichkeiten gegenüber Gesellschafter	

2 Die GmbH ist mit 30.000 € überschuldet. Deshalb erklärt der Gesellschafter den Rangrücktritt hinter alle anderen Verbindlichkeiten. Bilanzieren Sie das Gesellschafterdarlehen (100.000 €).

Soll		Haben	
Aktiva		Verbindlichkeiten gegenüber Gesellschafter – davon nachrangig	

3 Wie 2, nur erklärt der Gesellschafter den Forderungsverzicht mit einem Besserungsschein, sodass die Forderung auflebt, soweit die Überschuldung durch Gewinne beseitigt wird. Buchen Sie!

Soll		Haben	

Lösung

1

Soll		Haben	
Zinsen und ähnliche Aufwendungen	5.000	Verbindlichkeiten gegenüber Gesellschafter	5.000

Das Gesellschafterdarlehen hat unter Berücksichtigung der Zinsen einen Stand von 105.000 €.

2

Aktiva		Passiva	
Aktiva	100.000	Verbindlichkeiten gegenüber Gesellschafter	100.000

3

Soll		Haben	
Verbindlichkeiten gegenüber Gesellschafter	30.000	Sonstige betriebliche Erträge	30.000

Praxistipps

Bei Verzicht des Gesellschafters auf seine Forderung nimmt die Finanzverwaltung eine verdeckte Einlage in Höhe des werthaltigen Teils der Forderung an. Insoweit erhöhen sich die Anschaffungskosten des GmbH-Anteils.

Die Wiedereinbuchung des Gesellschafterdarlehens ist Aufwand.

Stille Beteiligungen ausweisen

Übung 47
10 min

1 Die Einlage eines stillen Gesellschafters bei einer KG ist mit 5 % am Gewinn, max. mit 12 % der Einlage, beteiligt, nicht jedoch an den stillen Reserven. Tragen Sie den Bilanzausweis ein.

Aktiva		Passiva	

2 Wie 1, allerdings sieht der Vertrag über die stille Gesellschaft Folgendes vor: Beteiligung an Gewinn, Verlust, stillen Reserven und Liquidationserlös von 5 %. Mitspracherecht in der Gesellschafterversammlung mit einem Anteil von 5 %.

Aktiva		Passiva	

3 Wie 2, allerdings sieht der Vertrag über die stille Gesellschaft zusätzlich Folgendes vor: Die Gesellschaft kann erst nach Ablauf von 7 Jahren gekündigt werden.

Aktiva		Passiva	

Lösungstipps

Stille Beteiligungen sind im Handelsrecht grundsätzlich Fremdkapital.

Lösung

1

Aktiva		Passiva	
		sonstige Verbindlichkeiten	50.000

2

Aktiva		Passiva	
		sonstige Verbindlichkeiten	50.000

3

Aktiva		Passiva	
		Stille Beteiligung (Ausweis als eigener Posten unmittelbar nach dem Eigenkapital)	50.000

Praxistipps

Beim Rating der Banken werden stille Beteiligungen oftmals wie Eigenkapital beurteilt. Klären Sie die Behandlung mit ihren Banken.

Ein Ausweis der stillen Gesellschaft im Eigenkapital kommt grundsätzlich nicht in Betracht. Der gesonderte Ausweis unmittelbar nach dem Eigenkapital setzt die Beteiligung an Gewinn, Verlust, einen nachstehenden Rang gegenüber allen anderen Verbindlichkeiten und eine Mindestdauer der stillen Beteiligung von 5 bis 7 Jahren voraus.

Die Gewinn- und Verlustrechnung darstellen

In diesem Kapitel lernen Sie,

- zwischen dem Gesamtkosten- und dem Umsatzkostenverfahren zu unterscheiden (S. 235),
- Zusammenhänge zwischen den Bilanzpositionen und der GuV zu erkennen (S. 237),
- Rechnungsabgrenzungen durchzuführen (S. 241).

Darum geht es in der Praxis

Für Kapitalgesellschaften und Kommanditgesellschaften, deren einzige persönlich haftende Gesellschafter ebenfalls Kapitalgesellschaften sind, ist die Darstellung der Gewinn- und Verlustrechnung (GuV) nach § 275 HGB verbindlich.

Aber auch andere Gesellschaftsformen orientieren sich an diesen Vorgaben, da alle Kaufleute den Jahresabschluss – also auch die GuV – klar und übersichtlich (§ 243 Abs. 2 HGB) zu gestalten haben.

Außerdem legen externe Bilanzadressaten, insbesondere Banken, Wert auf die Vergleichbarkeit von Jahresabschlüssen, und zwar unabhängig von der Gesellschaftsform. Insbesondere Basel II führt dazu, dass die Einnahmen-Überschuss-Rechnung zunehmend abqualifiziert wird.

Es ist daher mehr als notwendig, sich in der gesetzlichen GuV auszukennen. Die GuV sollte entsprechend informativ ausgestaltet werden, um den operativen und den nicht operativen Erfolg auszuweisen. Überdies bestehen Zusammenhänge zwischen bilanziellen Darstellungen, Bilanzpositionen und der GuV.

Lernen Sie mithilfe der nachfolgenden Übungen, was bei der GuV zu beachten ist.

Beteiligungserträge ausweisen

Übung 50
10 min

1 Sie haben einen stillen Gesellschafter, der auf seine stille Beteiligung einen festen Zins erhält. Der stille Gesellschafter ist nicht am Erfolg der Gesellschaft beteiligt (typisch stiller Gesellschafter). Wie buchen Sie die Vergütung des stillen Gesellschafters über 2.000 €?

Soll		Haben	

2 Ihr (atypisch) stiller Gesellschafter erhält eine erfolgsabhängige Vergütung. Er ist sowohl am Gewinn und Verlust als auch am Liquidationserlös beteiligt. Sein Gewinnanteil beträgt 5.000 €. Wie wird der Gewinnanteil gebucht?

Soll		Haben	

3 Wie 2, nur wird dem stillen Gesellschafter ein Verlustanteil von 4.000 € zugerechnet.

Soll		Haben	

Lösung

1

Soll		Haben	
Zinsen und ähnliche Aufwendungen	2.000	Sonstige Verbindlichkeiten (Einlage stiller Gesellschafter)	2.000

2

Soll		Haben	
aufgrund eines Teilgewinnabführungsvertrags abgeführte Gewinne	5.000	sonstige Verbindlichkeiten (Einlage stiller Gesellschafter)	2.000

3

Soll		Haben	
Sonstige Verbindlichkeiten (Einlage stiller Gesellschafter)	4.000	Erträge aus Verlustübernahme	4.000

Rechnungsabgrenzungen durchführen

Auszahlungen für Zeiten nach dem Bilanzstichtag

Übung 51
10 min

Ihr Geschäftsjahr endet am 31.12.2014. Führen Sie die zutreffenden Abgrenzungsbuchungen aus.

1 Sie haben Mieten für die Zeit vom 01.10.2014 bis zum 31.01.2015 bezahlt und im Aufwand (15.000 €) gebucht.

Soll		Haben	

2 Lizenzaufwendungen wurden für die Zeit vom 01.12.2014 bis 31.05.2015 in 2014 bezahlt und in 2014 als Aufwand mit 18.000 € gebucht.

Soll		Haben	

3 Sie haben einen pauschalen Wartungsvertrag. Sie entrichten halbjährlich einen Betrag von 60.000 €. Der Wartungsdienst kommt auf Abruf nach Bedarf mit Reaktionszeiten von 3 Std. Die Wartungsgebühr für ein halbes Jahr haben Sie am 30.09. entrichtet.

Soll		Haben	

Lösung

1

Soll		Haben	
Rechnungsabgrenzungs-posten	5.000	Mietaufwand	5.000

2

Soll		Haben	
Rechnungsabgrenzungs-posten	15.000	Lizenzaufwand	15.000

3

Soll		Haben	
Rechnungsabgrenzungs-posten	30.000	Aufwendungen für Reparatur und Wartung	30.000

Praxistipps

Machen Sie sich eine Aufstellung über sämtliche Verträge, die regelmäßige Zahlungen zur Folge haben, um den Überblick zu wahren.